苏州园林

木上风华——木雕

目录

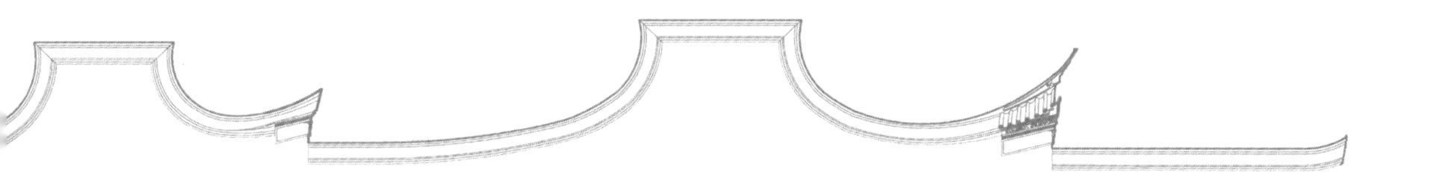

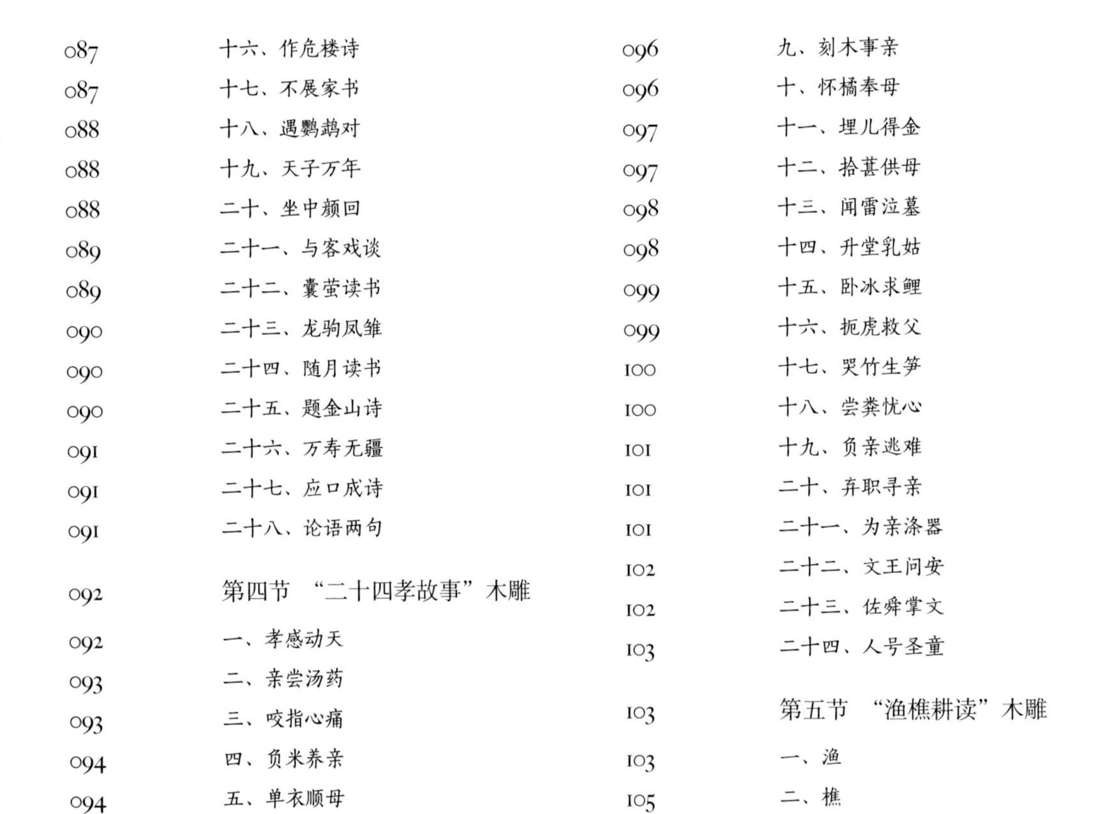

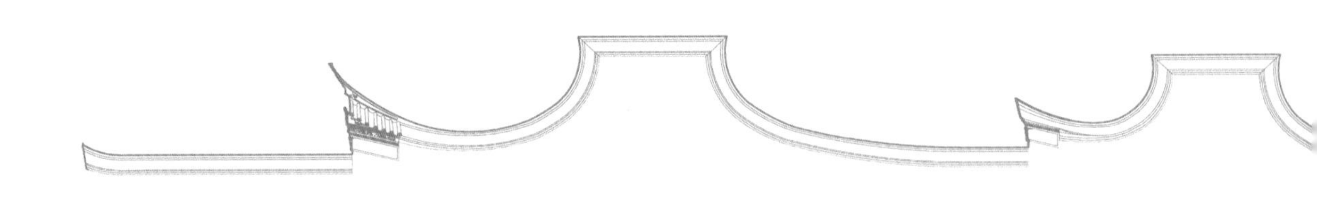

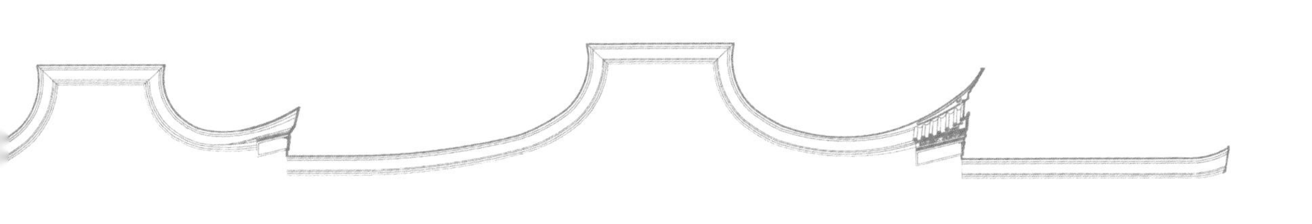

总序

——世界艺术瑰宝　中华文化经典

《苏州园林园境》系列，是多方位地挖掘苏州园林文化内涵，并对园林及具体装饰构件进行文化阐释的专业性著作。首先要厘清的基本概念是何谓“园林”。

《佛罗伦萨宪章》[1] 用词源学的术语来表达“历史园林”的定义是：园林“就是‘天堂’，并且也是一种文化、一种风格、一个时代的见证，而且常常还是具有创造力的艺术家独创性的见证”。明确地说：园林是人们心目中的“天堂”；园林也是艺术家创作的艺术作品。

但是，诚如法国史学家兼文艺批评家伊波利特·丹纳（Hippolyte Taine，1828—1893）在《艺术哲学》中所言，文艺作品是“自然界的结构留在民族精神上的印记”。世界各民族心中构想的“天堂”各不相同，相比构成世界造园史中三大动力的古希腊、西亚和中国[2] 来说：古希腊和西亚属于游牧和商业文化，是西方文明之源，实际上都溯源于古埃及。位于“热带大陆”的古埃及，国土面积的96%是沙漠，唯有尼罗河像一条细细的绿色缎带，所以，古埃及人有与生俱来的“绿洲情结”。尼罗河泛滥水退之后丈量耕地、兴修水利以及计算仓廪容积等的需要，促进

① 国际古迹遗址理事会与国际历史园林委员会于1981年5月21日在佛罗伦萨召开会议，决定起草一份将以该城市命名的历史园林保护宪章即《佛罗伦萨宪章》，并由国际古迹遗址理事会于1982年12月15日登记作为涉及有关具体领域的《威尼斯宪章》的附件。

② 1954年在维也纳召开世界造园联合会（IFLA）会议，英国造园学家杰利科（G. A. Jellicoe）致辞说：世界造园史中三大动力是古希腊、西亚和中国。

了几何学的发展。古希腊继承了古埃及的几何学。哲学家柏拉图曾悬书门外："不通几何学者勿入。"因此，"几何美"成为西亚和西方园林的基本美学特色；基于植物资源的"内不足"，胡夫金字塔和雅典卫城的石构建筑，成为石质文明的代表；"政教合一"的西亚和欧洲，神权高于或制约着皇权，教堂成为最美丽的建筑，而"神体美"成为建筑柱式美的标准……

中国文化主要属于农耕文化，中国陆地面积位居世界第三：黄河流域的粟作农业成为春秋战国时期齐鲁文化即儒家文化的物质基础，质朴、现实；长江流域的稻作农业成为楚文化即道家文化的物质基础，飘逸、浪漫。[1]

我国的"园林"，不同于当今宽泛的"园林"概念，当然也不同于英、美各国的园林观念（Garden、Park、Landscape Garden）。

科学家钱学森先生说："园林毕竟首先是一门艺术……园林是中国的传统，一种独有的艺术。园林不是建筑的附属物……国外没有中国的园林艺术，仅仅是建筑物上附加一些花、草、喷泉就称为'园林'了。外国的 Landscape（景观）、Gardening（园技）、Horticulture（园艺）三个词，都不是'园林'的相对字眼，我们不能把外国的东西与中国的'园林'混在一起……中国的'园林'是他们这三个方面的综合，而且是经过扬弃，达到更高一级的艺术产物。"[2]

中国艺术史专家高居翰（James Cahill）等在《不朽的林泉·中国古代园林绘画》（*Garden Paintings in Old China*）一书中也说："一座园林就像一方壶中天地，园中的一切似乎都可以与外界无关，园林内外仿佛使用着两套时间，园中一日，世上千年。就此意义而言，园林便是建造在人间的仙境。"[3]

孟兆祯院士称园林是中国文化"四绝"之一，是特殊的文化载体，它们既具有形的物质构筑要素，诸如山、水、建筑、植物等，作为艺术，又是传统文化的历史结晶，其核心是社会意识形态，是民族的"精神产品"。

苏州园林是在咫尺之内再造乾坤设计思想的典范，"其艺术、自然与哲理的完美结合，创造出了惊人的美和宁静的和谐"，九座园林相继被列入了世界文化遗产名录。

苏州园林创造的生活境域，具有诗的精神涵养、画的美境陶冶，同时渗透着生态意识，组成中国人的诗意人生，构成高雅浪漫的东方情调，体现了罗素称美的"东方智慧"，无疑是世界艺术瑰宝、中华高雅文化的经典。经典，积淀着中华民族最深沉的精神追求，包含着中华民族最根本的精神基因，代表着中华民族独特的精神标识，正是中华文化独特魅力之所在！也正是民族得以延续的精神血脉。

但是，就如陈从周先生所说："苏州园林艺术，能看懂就不容易，是经过几代人的琢磨，又有很深厚的文化，我们现代的建筑

① 蔡丽新主编，曹林娣著：《苏州园林文化》《江苏地方文化名片丛书》，南京：南京大学出版社，2015 年，第 1–2 页。

② 钱学森：《园林艺术是我国创立的独特艺术部门》，选自《城市规划》1984 年第 1 期，系作者 1983 年 10 月 29 日在第一期市长研究班上讲课的内容的一部分，经合肥市副市长、园林专家吴翼根据录音整理成文字稿。

③［美］高居翰，黄晓，刘珊珊：《不朽的林泉·中国古代园林绘画》，生活·读书·新知三联书店，2012 年，第 44 页。

师们是学不会，也造不出了。”阮仪三认为，不经过时间的洗磨、文化的熏陶，单凭急功近利、附庸风雅的心态，“造园子想一气呵成是出不了精品的”。[①]

基于此，为了深度阐扬苏州园林的文化美，几年来，我们沉潜其中，试图将其如实地和深入地印入自己的心里，来“移己之情”，再将这些“流过心灵的诗情”放射出去，希望以“移人之情”。

我们竭力以中国传统文化的宏通视野，对苏州园林中的每一个细小的艺术构件进行精细的文化艺术解读，同时揭示含蕴其中的美学精髓。诚如宗白华先生在《美学散步》中所说的：

> 美对于你的心，你的“美感”是客观的对象和存在。你如果要进一步认识她，你可以分析她的结构、形象、组成的各部分，得出“谐和”的规律、“节奏”的规律、表现的内容、丰富的启示，而不必顾到你自己的心的活动，你越能忘掉自我，忘掉你自己的情绪波动、思维起伏，你就越能够“漱涤万物，牢笼百态”（柳宗元语），你就会像一面镜子，像托尔斯泰那样，照见了一个世界，丰富了自己，也丰富了文化。[②]

本系列名《苏州园林园境》，这个“境”指的是境界，是园景之“形”与园景之“意”相交融的一种艺术境界，呈现出来的是情景交融、虚实相生、活跃着生命律动的韵味无穷的诗意空间，人们能于有形之景兴无限之情，反过来又生不尽之景，迷离难分。“景境”有别于渊源于西方的“景观”，“景观”一词最早出现在希伯来文的《圣经》旧约全书中，含义等同于汉语的“风景”“景致”“景色”，等同于英语的“scenery”，是指一定区域呈现的景象，即视觉效果。

苏州园林是典型的文人园，诗文兴情以构园，是清代张潮《幽梦影·论山水》中所说的“地上之文章”，是为情而构的文人主题园。情能生文，亦能生景，园林中沉淀着深刻的思想，不是用山水、建筑、植物拼凑起来的形式美构图！

《苏州园林园境》系列由七本书组成：

《听香深处——魅力》一书，犹系列开篇，全书八章，首先从滋育苏州园林的大吴胜壤、风华千年的历史，全面展示苏州园林这一文化经典锻铸的历程，犹如打开一幅中华文明的历史画卷；接着从园林反映的人格理想、摄生智慧、心灵滋养、艺术品格诸方面着笔，多方面揭示了苏州园林作为中华文化经典、世界艺术瑰宝的价值；又从苏州园林到今天的园林苏州，说明苏州园林文化艺术在当今建设美丽中华中的勃勃生命力；最后一章的余韵流芳，写苏州园

① 阮仪三：《江南古典私家园林》，南京：译林出版社，2012年，第267页。

② 宗白华：《美学散步（彩图本）》，上海：上海人民出版社，2015年，第17页。

林已经走出国门，成为中华文化使者，惊艳欧洲、植根日本，并落户北美，成为异国他乡的永恒贵宾，从而展示了苏州园林的文化魅力所在。

《景境构成——品题》一书，诠释园林显性的文学体裁——匾额、摩崖和楹联，并一一展示实景照，介绍书家书法特点，使人们在诗境的涵养中，感受到“诗意栖居”的魅力！品题内容涉及社会历史、人文及形、色、情、感、时、节、味、声、影等，品题词句大多是从古代诗文名句中撷来的精英，或从风景美中提炼出来的神韵，典雅、含蓄，立意深邃、情调高雅。它们是园林景境的说明书，也是园主心灵的独白；透露了造园设景的文学渊源，将园景作了美的升华，是园林风景的一种诗化，也是中华文化的缩影。徜徉园中，识者能从园里的境界中揣摩玩味，从中获得中国古典诗文的醇香厚味。

《含情多致——门窗》《透风漏月——花窗》[①]《吟花席地——铺地》《木上风华——木雕》《凝固诗画——塑雕》五书，收集了苏州园林门窗（包括花窗）、铺地、脊塑墙饰、石雕、裙板雕梁等艺术构建上美轮美奂的装饰图案，进行文化解读。这些图案，一一附丽于建筑物上，有的原为建筑物件，随着结构功能的退化，逐渐演化为纯装饰性构件，建筑装饰不仅赋予建筑以美的外表，更赋予建筑以美的灵魂。康德在《判断力批判》“第一四节”中说：

> 在绘画、雕刻和一切造型艺术里，在建筑和庭园艺术里，就它们是美的艺术来说，本质的东西是图案设计，只有它才不是单纯地满足感官，而是通过它的形式来使人愉快，所以只有它才是审美趣味的最基本的根源。[②]

古人云：言不尽意，立象以尽意。符号使用有时要比语言思维更重要。这些图案无一不是中华文化符码，因此，不仅将精美的图案展示给读者，而且对这些文化符码一一进行“解码”，即挖掘隐含其中的文化意义和形成这些文化意义的缘由。这些文化符号，是中华民族古老的记忆符号和特殊的民族语言，具有丰富的内涵和外延，在一定意义上可以说是中华民族的心态化石。书中图案来自苏州最经典园林的精华，我们对苏州经典园林都进行了地毯式的收集并筛选，适当增加苏州小园林中比较有特色的图案，可以代表中国文人园装饰图案的精华。

由以上文化符号，组成人化、情境化了的“物境”，生动直观，且与人们朝夕相伴，不仅“养目”，而且通过文化的“视觉传承”以“养心”，使人在赏心悦目的艺境陶冶中，培养情操，涤胸洗襟，精神境界得以升华。

① “花窗”应该是“门窗”的一个类型，但因为苏州园林“花窗”众多，仅仅沧浪亭一园就有108式，为了方便在实际应用中参考，故将“花窗”从“门窗”中分出，另为一书。

② 转引自朱光潜：《西方美学史》下卷，北京：人民文学出版社，1964年版，第18页。

意境隽永的苏州园林展现了中华风雅的生活境域和生存智慧，也彰显了中华文化对尊礼崇德、修身养性的不懈追求。

苏州园林一园之内，楼无同式，山不同构、池不重样，布局旷如、奥如，柳暗花明，处处给人以审美惊奇，加上举目所见的美的画面和异彩纷呈的建筑小品和装饰图案，有效地避免了审美疲劳。

朱光潜先生说过："心理印着美的意象，常受美的意象浸润，自然也可以少存些浊念……一切美的事物都有不令人俗的功效。"[1]

诚如台湾学者贺陈词在黄长美《中国庭院与文人思想》的序中指出的，"中国文化是唯一把庭园作为生活的一部分的文化，唯一把庭园作为培育人文情操、表现美学价值、含蕴宇宙观人生观的文化，也就是中国文化延续四千多年于不坠的基本精神，完全在庭园上表露无遗。"[2]

苏州园林是融文学、戏剧、哲学、绘画、书法、雕刻、建筑、山水、植物配植等艺术于一炉的艺术宫殿，作为中华文化的综合艺术载体，可以挖掘和解读的东西很多，本书难免挂一漏万，错误和不当之处，还望识者予以指正。

曹林娣

辛丑桐月于苏州南林苑寓所

① 朱光潜：《把心磨成一面镜：朱光潜谈美与不完美》，北京：中国轻工业出版社，2017年版，第185页。

② 黄长美：《中国庭院与文人思想》序，台北：明文书局，1985年版，第3页。

序一

中华文化的『博物志』

世界遗产委员会评价苏州园林是在咫尺之内再造乾坤设计思想的典范，“其艺术、自然与哲理的完美结合，创造出了惊人的美和宁静的和谐”，而精雕细琢的建筑装饰图案正是创造“惊人的美”的重要组成部分。

中国建筑装饰复杂而精微，在世界上是无与伦比的。早在商周时期我国就有了砖瓦的烧制；春秋时建筑就有“山节藻棁”；秦有花砖和四象瓦当；汉画像砖石、瓦当图文并茂，还出现带龙首兽头的栏杆；魏晋建筑装饰兼容了佛教艺术内容；刚劲富丽的隋唐装饰更具夺人风采；宋代装饰与建筑有机结合；明清建筑装饰风格沉雄深远；清代中叶以后西洋建材应用日多，但装饰思想大多向传统皈依，纹饰趋向繁缛琐碎，但更细腻。

本系列涉及的苏州园林建筑装饰，既包括木装修的内外檐装饰，也包括从属于建筑的带有装饰性的园林细部处理及小型的点缀物等建筑小品，主要包括：精细雅丽的苏式木雕，有浮雕、镂空雕、立体圆雕、锼空雕刻、镂空贴花、浅雕等各种表现形式，饰以古拙、幽雅的山水、花卉、人物、书法等雕刻图案；以绮、妍、精、绝称誉于世的砖雕，有平面雕、浮雕、透空雕和立体形多层次雕等；石雕，分直线凿雕、花式平面线雕、阳雕、阴雕、浮雕、深雕、透雕等类；脊饰，诸如龙吻脊、鱼龙脊、哺龙脊、哺鸡脊、纹头脊、甘蔗脊等，以及垂脊上的祥禽、瑞兽、仙卉，绚丽多姿；被称为“凝固的舞蹈”“凝固的诗句”的堆塑、雕塑等，展现三维空间形象艺术；变化多端、异彩纷呈的花窗；“吟花席地，醉月铺毡”的铺地；各式洞门、景窗，可以产生“触景生奇，含情多致，轻纱环碧，弱柳窥青”艺术效果的门扇窗棂等。这些凝固在建筑上的辉煌，足可使苏州香山帮的智慧结晶彪炳史册。

园林的建筑装饰主要呈现出的是一种图案美，这种图案美是一种工艺美，是科技美的对象化。它首先对欣赏者产生视觉冲击力。梁思成先生说：

> 然而艺术之始，雕塑为先。盖在先民穴居野处之时，必先凿石为器，以谋生存；其后既有居室，乃作绘事，故雕塑之术，实始于石器时代，艺术之最古者也。[①]

1930年，他在东北大学演讲时曾不无遗憾地说，我国的雕塑艺术，“著名学者如日本之大村西崖、常盘大定、关野贞，法国之伯希和（Paul Pelliot）、沙畹（Édouard Émmdnnuel Chavannes），瑞典之喜龙仁（Prof Osrald Sirén），俱有著述，供我南车。而国人之著述反无一足道者，能无有愧？”[②]

叶圣陶先生在《苏州园林》一文中也说：

> 苏州园林里的门和窗，图案设计和雕镂琢磨工夫都是工艺美术的上品。大致说来，那些门和窗尽量工细而决不庸俗，即使简朴而别具匠心。四扇，八扇，十二扇，综合起来看，谁都要赞叹这是高度的图案美。

苏州园林装饰图案，更是一种艺术符号，是一种特殊的民族语言，具有丰富的内涵和外延，催人遐思、耐人涵咏，诚如清人所言，一幅画，“与其令人爱，不如使人思”。苏州园林的建筑装饰图案题材涉及天地自然、祥禽瑞兽、花卉果木、人物、文字、古器物，以及大量的吉祥组合图案，既反映了民俗精华，又映射出士大夫文化的儒雅之气。“建筑装饰图案是自然崇拜、图腾崇拜、祖先崇拜、神话意识等和社会意识的混合物。建筑装饰的品类、图案、色彩等反映了大众心态和法权观念，也反映了民族的哲学、文学、宗教信仰、艺术审美观念、风土人情等，它既是我们可以感知的物化的知识力量构成的物态文化层，又属于精神创造领域的文化现象。中国古典园林建筑上的装饰图案，密度最高，文化容量最大，因此，园林建筑成为中华民族古老的记忆符号最集中的信息载体，在一定意义上可以说是中华民族的‘心态化石’。”[③] 苏州园林的建筑装饰图案不啻一部中华文化“博物志”。

① 梁思成:《中国雕塑史》，天津：百花文艺出版社，1998年，第1页。

② 同上，第1–2页。

③ 曹林娣:《中国园林文化》，北京：中国建筑工业出版社，2005年，第203页。

美国著名人类学家 L. A. 怀德说“全部人类行为由符号的使用所组成，或依赖于符号的使用”[①]，才使得文化（文明）有可能永存不朽。符号表现活动是人类智力活动的开端。从人类学、考古学的观点来看，象征思维是现代心灵的最大特征，而现代心灵是在距今五万年到四十万年之间的漫长过程中形成的。象征思维能力是比喻和模拟思考的基础，也是懂得运用符号，进而发展成语言的条件。“一个符号，可以是任意一种偶然生成的事物（一般都是以语言形态出现的事物），即一种可以通过某种不言而喻的或约定俗成的传统或通过某种语言的法则去标示某种与它不同的另外的事物。”[②] 也就是雅各布森所说的通过可以直接感受到的“指符”（能指），可以推知和理解“被指”（所指）。苏州园林装饰图案的“指符”是容易被感知的，但博大精深的“被指”，却留在了古人的内心，需要我们去解读，去揭示。

一

苏州园林建筑的装饰符号，保留着人类最古老的文化记忆。原始人类“把它周围的实在感觉成神秘的实在：在这种实在中的一切不是受规律的支配，而是受神秘的联系和互渗律的支配”。[③]

早期的原始宗教文化符号，如出现在岩画、陶纹上的象征性符号，往往可以溯源于巫术礼仪，中国本信巫，巫术活动是远古时代重要的文化活动。动物的装饰雕刻，源于狩猎巫术的特殊实践。旧石器时代的雕刻美术中，表现动物的占到全部雕刻的五分之四。发现于内蒙古乌拉特中旗的“猎鹿”岩画，“是人类历史上最早的巫术与美术的联袂演出”[④]。世界上最古老的岩画是连云港星图岩画，画中有天圆地方观念的形象表示；“蟾蜍驮鬼”星象岩画是我国最早的道教“阴阳鱼”的原型和阴阳学在古代地域规划上的运用。

甘肃成县天井山麓鱼窍峡摩崖上刻有汉灵帝建宁四年（171年）的《五瑞图》，是我国现存最早的石刻吉祥图。

吴越地区陶塑纹饰多为方格宽带纹、弧线纹、绳纹和篮纹、波浪纹等，尤其是弧线纹和波浪纹，更可看出是对天（云）和地（水）崇拜的结果。而良渚文化中的双目锥形足和鱼鳍形足的陶鼎，不但是夹砂陶中的代表性器具，也是吴越地区渔猎习俗带来的对动物（鱼）崇拜的美术表现。[⑤]

海岱地区的大汶口—山东龙山文化，虽也有自己的彩绘风格和彩陶器，但这一带史前先民似乎更喜欢用陶器的造型来表达自己的审美情趣和崇拜习俗。呈现鸟羽尾状的带把器，罐、瓶、壶、

① [美] L. A. 怀德：《文化科学》，曹锦清，等译，杭州：浙江人民出版社，1988年，第21页。

② [美] 艾恩斯特·纳盖尔：《符号学和科学》，选自蒋孔阳主编《二十世纪西方美学名著选》（下），上海：复旦大学出版社，1988年，第52页。

③ [法] 列维·布留尔：《原始思维》，北京：商务印书馆 1981年，第238页。

④ 左汉中：《中国民间美术造型》，长沙：湖南美术出版社，1992年，第70页。

⑤ 姜彬：《吴越民间信仰民俗》，上海：上海文艺出版社，1992年，第472-473页。

盖之上鸟喙状的附纽或把手，栩栩如生的鸟形鬶和风靡一个时代的鹰头鼎足，都有助于说明史前海岱之民对鸟的崇拜。[①]

鸟纹经过一段时期的发展，变成大圆圈纹，形象模拟太阳，可称之为拟日纹。象征中国文化的太极阴阳图案，根据考古发现，它的原形并非鱼形，而是“太阳鸟”鸟纹的大圆圈纹演变而来的符号。

彩陶中的几何纹诸如各种曲线、直线、水纹、漩涡纹、锯齿纹等，都可看作是从动物、植物、自然物以及编织物中异化出来的纹样。如菱形对角斜形图案是鱼头的变化，黑白相间菱形十字纹、对向三角燕尾纹是鱼身的变化（序一图 1）等。几何形纹还有颠倒的三角形组合、曲折纹、“个”字形纹、梯形锯齿形纹、圆点纹或点、线等极为单纯的几何形象。

“中国彩陶纹样是从写实动物形象逐渐演变为抽象符号的，是由再现（模拟）到表现（抽象化），由写实到符号，由内容到形式的积淀过程。”[②]

序一图 1　双鱼形（仰韶文化）

符号最初的灵感来源于生活的启示，求生和繁衍是原始人类最基本的生活要求，于是，基于这类功利目的的自然崇拜的原始符号，诸如天地日月星辰、动物植物、生殖崇拜、语音崇拜等，虽然原始宗教观念早已淡漠，但依然栩栩如生地存在于园林装饰符号之中，就成为符号“所指”的内容范畴。

“这种崇拜的对象常系琐屑的无生物，信者以为其物有不可思议的灵力，可由以获得吉利或避去灾祸，因而加以虔敬。”[③]

《礼记·明堂位》称，山罍为夏后氏之尊，《礼记·正义》谓罍为云雷，画山云之形以为之。三代铜器最多见之“雷纹”始于此。[④] 如卍字纹、祥云纹、冰雪纹、拟日纹，乃至压火的鸱吻、厌胜钱、方胜等，在苏州园林中触目皆是，都反映了人们安居保平安的心理。

古人创造某种符号，往往立足于“自我”来观照万物，用内心的理想视象审美观进行创造，它们只是一种审美的心象造型，并不在乎某种造型是否合乎逻辑或真实与准确，只要能反映出人们的理解和人们的希望即可，如四灵中的龙、凤、麟等。

龟鹤崇拜，就是万物有灵的原始宗教和神话意识、灵物崇拜

① 王震中：《应该怎样研究上古的神话与历史——评〈诸神的起源〉》，《历史研究》，1988 年，第 2 期。

② 陈兆复，邢琏：《原始艺术史》，上海：上海人民出版社，1998 年版，第 191 页。

③ 林惠祥：《文化人类学》，北京：商务印书馆，1991 年版，第 236 页。

④ 梁思成：《中国雕塑史》，天津：百花文艺出版社，1998 年版，第 1 页。

序一图 2　龟锦纹窗饰（留园）

和社会意识的混合物。龟，古代为“四灵”之一，相传龟者，上隆象天，下平象地，它左睛象日，右睛象月，知存亡吉凶之忧。龟的神圣性由于在宋后遭异化，在苏州园林中出现不多，但龟的灵异、长寿等吉祥含义依然有着强烈的诱惑力，园林中还是有大量的等六边形组成的龟背纹铺地、龟锦纹花窗（序一图 2）等建筑小品。鹤在中华文化意识领域中，有神话传说之美、吉利象征之美。它形迹不凡，“朝戏于芝田，夕饮乎瑶池”，常与神仙为俦，王子乔曾乘白鹤驻缑氏山头（道家）。丁令威化鹤归来。鹤标格奇俊，唳声清亮，有“鹤千年，龟万年”之说。松鹤长寿图案成为园林建筑装饰的永恒主题之一。

人类对自身的崇拜比较晚，最突出的是对人类的生殖崇拜和语音崇拜。生殖崇拜是园林装饰图案的永恒母题。恩格斯说过：“根据唯物主义的观点，历史中的决定因素，归根结底是直接生活的生产和再生产。但是，生产本身又有两种。一方面是生产资料即食物、衣服、住房以及为此所必需的工具的生产；另一方面是人类自身的生产，即种的繁衍。”[①]

普列哈诺夫也说过：“氏族的全部力量，全部生活能力，决定于它的成员的数目。”闻一多也说：“在原始人类的观念里，结婚是人生第一大事，而传种是结婚的唯一目的。”[②]

生殖崇拜最初表现为崇拜妇女，古史传说中女娲最初并非抟土造人，而是用自己的身躯“化生万物”，仰韶文化后期，男性生殖崇拜渐趋占据主导地位。苏州园林装饰图案中，源于爱情与生命繁衍主题的艺术符号丰富绚丽，象征生命礼赞的阴阳组合图案随处可见：象征阳性的图案有穿莲之鱼、采蜜之蜂、鸟、蝴蝶、狮子、猴子等，象征阴性的有蛙、兔子、荷莲（花）、梅花、牡丹、石榴、葫芦、瓜、绣球等，阴阳组合成的鱼穿莲、鸟站莲、蝶恋花、榴开百子、猴吃桃、松鼠吃葡萄（序一图 3）、瓜瓞绵绵、狮子滚绣球、喜鹊登梅、龙凤呈祥、凤穿牡丹、丹凤朝阳等，都有一种创造生命的暗示。

语音本是人类与生俱来的本能，但原始先民却将语音神圣化，看成天赐之物，是神造之物，产生了语音拜物教。[③] 于是，被视为上帝对人类训词的“九畴”和“五福”等都被看作是神圣的、万能的，可以赐福降魔。早在上古时代，就产生了属于咒语性质的歌谣，园林装饰图案大量运用谐音祈福的符号都烙有原始人类语音崇拜的胎记，寄寓的是人们对福（蝙蝠、佛手）、禄（鹿、鱼）

① [德] 恩格斯《家庭、私有制和国家的起源》第一版序言，见《马克思恩格斯选集》第 4 卷第 2 页。

②《闻一多全集》第 1 卷《说鱼》。

③ 曹林娣：《静读园林 · 第四编 · 谐音祈福吉祥画》，北京：北京大学出版社，2006 年，第 255-260 页。

序一图 3　松鼠吃葡萄（耦园）

寿（兽）、金玉满堂（金桂、玉兰）、善（扇）及连（莲）生贵子等愿望。

植物的灵性不像动物那样显著，因此，植物神灵崇拜远不如动物神灵崇拜那样丰富而深入人心。但是，植物也是原始人类观察采集的主要对象及赖以生存的食物来源。植物也被万物有灵的光环笼罩着，仅《山海经》中就有圣木、建木、扶木、若木、朱木、白木、服常木、灵寿木、甘华树、珠树、文玉树、不死树等二十余种，这些灵木仙卉，“珠玕之树皆丛生，华实皆有滋味，食之皆不老不死”。[①] 灵芝又名三秀，清陈淏子《花镜・灵芝》还认为，灵芝是“禀山川灵异而生”，“一年三花，食之令人长生”。松柏、万年青之类四季常青、寿命极长的树木也被称为“神木”。这类灵木仙卉就成为后世园林装饰植物类图案的主要题材。东山春在楼门楼平地浮雕的吉祥图案是灵芝（仙品，古传说食之可保长生不老，甚至入仙）、牡丹（富贵花，为繁荣昌盛、幸福和平的象征）、石榴（多子，古人以多子为多福）、蝙蝠（福气）、佛手（福气）、菊花（吉祥与长寿）等。

神话也是园林图案发生源之一，神话是文化的镜子，是发现人类深层意识活动的媒介，某一时代的新思潮，常常会给神话加上一件新外套。“经过神话，人类逐步迈向了人写的历史之中，神话是民族远古的梦和文化的根；而这个梦是在古代的现实环境中的真实上建立起来的，并不是那种‘懒洋洋地睡在棕榈树下白日见鬼、白昼做梦’（胡适语）的虚幻和飘缈。”[②] 神话作为一种原始意象，“是同一类型的无数经验的心理残迹”“每一个原始意象中都有着人类精神和人类命运的一块碎片，都有着在我们祖先的历史中重复了无数次的欢乐和悲哀的残余，并且总的来说，始终遵循着同样的路线。它就像心理中的一道深深开凿过的河床，生命之流（可以）在这条河床中突然涌成一条大江，而不是像先前那样在宽阔而清浅的溪流中向前漫淌”。[③] 作为一种民族集体无意识的产物，它通过文化积淀的形式传承下去，传承的过程中，有些神话被仙化或被互相嫁接，这是一种集体改编甚至再创造。今天我们在园林装饰图案中见到的大众喜闻乐见的故事，有不少属于此类。如麻姑献寿、八仙过海、八仙庆寿、天官赐福、三星高照、牛郎织女、天女散花、和合二仙（序一图 4）、嫦娥奔月、刘海戏金蟾等，这些神话依然跃动着原初的魅力。所以，列维・斯特劳斯说：“艺

①《列子》第 5《汤问》。

② 王孝廉：《中国的神话世界》，北京：作家出版社，1991 年版，第 6 页。

③［瑞典］荣格：《心理学与文学》，冯川，苏克译．生活・读书・新知三联书店，1987 年版。

序一图 4　和合二仙（忠王府）

术存在于科学知识和神话思想或巫术思想的半途之中。”[①]

史前艺术既是艺术，又是宗教或巫术，同时又有一定的科学成分。春在楼门楼文字额下平台望柱上圆雕着“福、禄、寿”三吉星图像。项脊上塑有“独占鳌头”“招财利市”的立体雕塑。上枋横幅圆雕为“八仙庆寿”。两条垂脊塑“天官赐福”一对，道教以“天、地、水”为“三官”，即世人崇奉的“三官大帝”，而上元天官大帝主赐福。两旁莲花垂柱上端刻有“和合二仙”，一人持荷花，一人捧圆盒，为和好谐美的象征。门楼两侧厢楼山墙上端左右两八角窗上方，分别塑圆形的“和合二仙”和“牛郎织女”，寓意夫妻百年好合，终年相望。神话故事中有不少是从日月星辰崇拜衍化而来，如三星、牛郎织女是星辰的人化，嫦娥是月的人化。

可以推论，自然崇拜和人们各种心理诉求诸如强烈的生命意识、延寿纳福意愿、镇妖避邪观念和伦理道德信仰等符号经纬线，编织起丰富绚丽的艺术符号网络—— 一个知觉的、寓意象征的和心象审美的造型系列。某种具有象征意义的符号一旦被公认，便成为民族的集体契约，“它便像遗传基因一样，一代一代传播下去。尽管后代人并不完全理解其中的意义，但人们只需要接受就可以了。这种传承可以说是无意识的无形传承，由此一点一滴就汇成了文化的长河。”[②]

二

春秋吴王就凿池为苑，开舟游式苑囿之渐，但越王勾践一把火烧掉了姑苏台，只剩下旧苑荒台供后人凭吊，苏州的皇家园林随着姑苏台一起化为了历史，苏州渐渐远离了政治中心。然“三吴奥壤，旧称饶沃，虽凶荒之余，犹为殷盛”，[③] 随着汉末自给

① [法] 列维·斯特劳斯：《野蛮人的思想》，伦敦 1976 年，第 22 页。

② 王娟：《民俗学概论》，北京：北京大学出版社，2002 年版，第 214–215 页。

③（唐）姚思廉：《陈书》卷 25《裴忌传》引高祖语。

序一图 5　敬字亭（台湾林本源园林）

自足的庄园经济的发展，既有文化又有经济地位的士族崛起，晋代永嘉以后，衣冠避难，多萃江左，文艺儒术，彬彬为盛。吴地人民完成了从尚武到尚文的转型，崇文重教成为吴地的普遍风尚，“家家礼乐，人人诗书”，“垂髫之儿皆知翰墨”，[1] 苏州取得了江南文化中心的地位。充溢着氤氲书卷气的私家园林，一枝独秀，绽放在吴门烟水间。

中国自古有崇文心理，有意模仿苏州留园而筑的台湾林本源园林，榕荫大池边至今依然屹立着引人注目的“敬字亭”（序一图 5）。

形、声、义三美兼具的汉字，本是由图像衍化而来的表意符号，具有很强的绘画装饰性。东汉大书法家蔡邕说：“凡欲结构字体，皆须像其一物，若鸟之形，若虫食禾，若山若树，纵横有托，运用合度，方可谓书。”在原始人心目中，甲骨上的象形文字有着神秘的力量。后来《河图》《洛书》《易经》八卦和《洪范》九畴等出现，对文字的崇拜起了推波助澜的作用。所以古人也极其重视文字的神圣性和装饰性。甲骨文、商周鼎彝款识，“布白巧妙奇绝，令人玩味不尽，愈深入地去领略，愈觉幽深无际，把握不住，绝不是几何学、数学的理智所能规划出来的”[2]。早在东周以后就养成了以文字为艺术品之习尚。战国出现了文字瓦当，秦汉更为突出，秦飞鸿延年瓦当就是长乐宫鸿台瓦当（序一图 6）。西汉文字纹瓦当渐增，目前所见最多，文字以小篆为主，兼及隶书，有少数鸟虫书体。小篆中还包括屈曲多姿的缪篆。有吉祥语，如“千秋万岁”“与天无极”“延年”；有纪念性的，如“汉并天下”；有专用性的，如“鼎胡延寿宫”“都司空瓦”。瓦当文字除表意外，又构成东方独具的汉字装饰美，可与书法、金石、碑拓相比肩。尤其是

序一图 6　秦飞鸿延年瓦当

[1]（宋）朱长文：《吴郡图经续记·风俗》，南京：江苏古籍出版社，1986 年版，第 11 页。

[2] 宗白华：《中国书法里的美学思想》，见《天光云影》，北京：北京大学出版社，2006 年版，第 241–242 页。

线条的刚柔、方圆、曲直和疏密、倚正的组合，以及留白的变化等，都体现出一种古朴的艺术美。[1]

园林建筑的瓦当、门楼雕刻、铺地上都离不开汉字装饰。如大量的“寿”字瓦当、滴水、铺地、花窗，还有囍字纹花窗、各体书条石、摩崖、砖额等。

中国是诗的国家，诗文、小说、戏剧灿烂辉煌，苏州园林中的雕刻往往与文学直接融为一体，园林梁柱、门窗裙板上大量雕刻着山水诗、山水图，以及小说戏文故事。

诗句往往是整幅雕刻画面思想的精警之笔，画龙点睛，犹如“诗眼”。苏州网师园大厅前有乾隆时期的砖刻门楼，号“江南第一门楼”，中间刻有“藻耀高翔”四字。出自《文心雕龙》，藻，水草之总称，象征美丽的文采，文采飞扬，标志着国家的祥瑞。东山“春在楼”是“香山帮”建筑雕刻的代表作，门楼前曲尺形照墙上嵌有“鸿禧”砖刻，“鸿”通“洪”，即大，“鸿禧”犹言洪福，出自《宋史·乐志十四》卷一三九：“鸿禧累福，骈赉翕臻。”诸事如愿完美，好事接踵而至，福气多多。门楼朝外一面砖雕“天锡纯嘏”，取《诗经·鲁颂·閟宫》：“天锡公纯嘏，眉寿保鲁”，为颂祷鲁僖公之词，意谓天赐僖公大福，“纯嘏”犹大福。《诗经·小雅·宾之初筵》有“锡尔纯嘏，子孙其湛”之句，意即天赐你大福，延及子孙。门楼朝外的一面砖额为“聿修厥德”，取《诗经·大雅·文王》“无念尔祖，聿修厥德。永言配命，自求多福”，言不可不修德以永配天命，自求多福。退思园九曲回廊上的“清风明月不须一钱买”的九孔花窗组合成的诗窗，直接将景物诗化，更是脍炙人口。

苏州园林雕饰所用的戏文人物，常常以传统的著名剧本为蓝本，经匠师们的提炼、加工刻画而成。取材于《三国演义》《西游记》《红楼梦》《西厢记》《说岳全传》等最常见。如春在楼前楼包头梁三个平面的黄杨木雕，刻有“桃园结义”“三顾茅庐”“赤壁之战”“定军山”“走麦城”“三国归晋”等三十四出《三国演义》戏文（序一图7），恰似连环图书。同里耕乐堂裙板上刻有《红楼梦》金陵十二钗等，拙政园秫香馆裙板上刻有《西厢记》戏文等。这些传统戏文雕刻图案，补充或扩充了建筑物的艺术意境，渲染了一种文学艺术氛围，雕饰的戏文人物故事会使人产生戏曲艺术的联想，使园林建筑陶融在文学中。

雕刻装饰图案，不仅能够营造浓厚的文学氛围，加强景境主题，并且能激发游人的想象力，获得景外之景、象外之象。如耦园“山水间”落地罩为大型雕刻，刻有“岁寒三友”图案，松、竹、梅交错成文，寓意坚贞的友谊，在此与高山流水知音的主题意境相融合，分外谐美。

铺地使阶庭脱尘俗之气，拙政园“玉壶冰”前庭院铺地用的是冰雪纹，给人以晶莹高洁之感，打造冷艳幽香的境界，并与馆内冰裂格扇花纹以及题额丝丝入扣；网师园“潭西渔隐”庭院铺

[1] 郭谦夫，丁涛，诸葛铠：《中国纹样辞典》，天津：天津教育出版社，1998年，第293、294页。

序一图 7　赵子龙单骑救主（春在楼）

序一图 8　海棠铺地（拙政园）

地为渔网纹，与“网师”相恰。海棠春坞的满庭海棠花纹铺地（序一图 8），令人如处海棠花丛之中，即使在凛冽的寒冬，也会唤起海棠花开烂漫的春意。在莲花铺地的庭院中，踩着一朵朵莲花，似乎有步步生莲的圣洁之感；满院的芝花，也足可涤俗洗心。

中国是文化大一统之民族，“如言艺术、绘画、音乐，亦莫不有其一共同最高之境界。而此境界，即是一人生境界。艺术人生化，亦即人生艺术化”[1]。苏州园林集中了士大夫的文化艺术体系，

① 钱穆：《宋代理学三书随劄·附录》，生活·读书·新知三联书店，2002 年版，第 125 页。

文人本着孔子“游于艺”的教诲，由此滥觞，琴、棋、书、画，无不作为一种教育手段而为文人们所必修，在“游于艺”的同时去完成净化心灵的功业，这样，诗、书、画美学精神相融通，非兼能不足以称“文人”，儒、道两家都着力于人的精神提升，一切技艺都可以借以为修习，兼能多艺成为文人传统者在世界上独一无二。“书画琴棋诗酒花”，成为文人园林装饰的风雅题材。如狮子林“四艺”琴棋书画纹花窗（序一图 9）及裙板上随处可见的博古清物木雕等。

崇文心理直接导致了对文化名人风雅韵事的追慕，士大夫文人尚人品、尚文品，标榜清雅、清高，于是，张季鹰的“功名未必胜鲈鱼”、谢安的东山丝竹风流、王羲之爱鹅、王子猷爱竹、竹林七贤、陶渊明爱菊、周敦颐爱莲、林和靖梅妻鹤子、苏轼种竹、倪云林好洁洗桐等，自然成为园林装饰图案的重要内容。留园“活泼泼地”的裙板上就有这些内容的木刻图案，十分典雅风流。

中国文化主体儒道禅，儒家以人合天，道家以天合人，禅宗则兼容了儒道。儒家“以人合天”，以“礼”来规范人们回归“天道”，符合天道。儒家文化的三纲六纪，是抽象理想的最高境界，已经成为传统文人的一种心理习惯和思维定势。儒家尚古尊先的社会文化观为士大夫所认同，“景行维贤”，以三纲为宇宙和社会的根本，“三纲五常”、明君贤臣、治国平天下成为士大夫最高的道德理想。于是，尧舜禅让、周文王访贤、姜子牙磻溪垂钓、薛仁贵衣锦回乡，特别是唐代那位“权倾天下而朝不忌，功盖一世而上不疑，侈穷人欲而议者不之贬”[1]的郭子仪，其拜寿戏文

①（宋）宋祁，欧阳修，范镇，吕夏卿，等：《新唐书》卷150唐史臣裴垍评语。

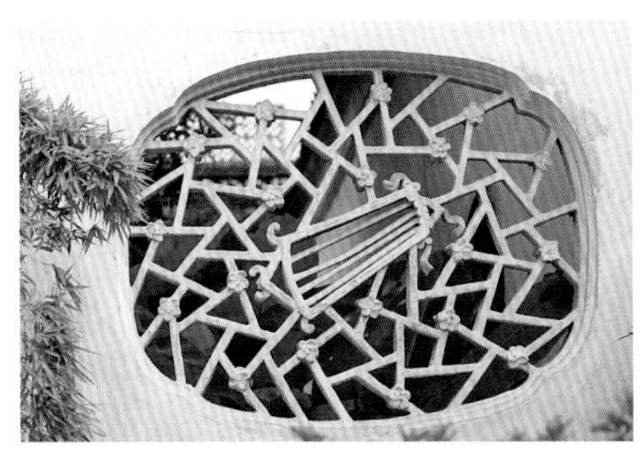

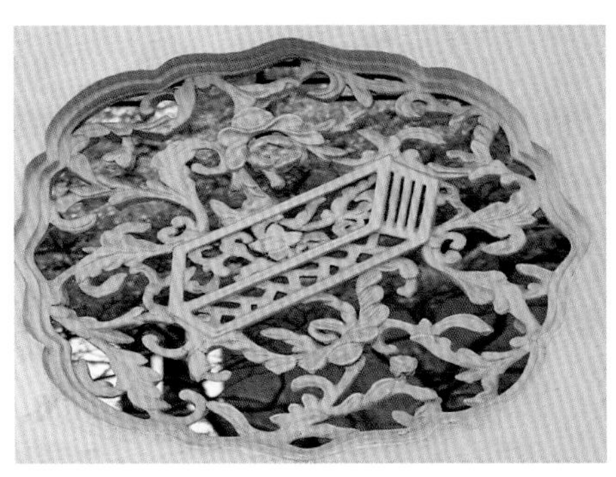

序一图 9　琴棋书画（狮子林）

象征着大贤大德、大富贵，亦寿考和后嗣兴旺发达，故成为人臣艳羡不已的对象。清代俞樾在《春在堂随笔》卷七中说：“人有喜庆事，以梨园侑觞，往往以‘笏圆’终之，盖演郭汾阳生日上寿事也。”

中国古代是以血缘关系为纽带的宗法社会。早在甲骨文中，就有“孝”字，故有人称中国哲学为伦理哲学，中国文化为伦理文化。儒学把某些基本理由、理论建立在日常生活，即与家庭成员的情感心理的根基上，首先强调的是“家庭”中子女对于父母的感情的自觉培育，以此作为“人性”的本根、秩序的来源和社会的基础；把家庭价值置放在人性情感的层次，来作为教育的根本内容。春在楼“凤凰厅”大门檐口六扇长窗的中夹堂板、裙板及十二扇半的裙板上，精心雕刻有“二十四孝”故事（序一图 10），表现出浓厚的儒家伦理色彩。

三

符号具有多义性和易变性，任何的装饰符号都在吐故纳新，它犹如一条汩汩流淌着的历史长河，“具有由过去出发，穿过现在并指向未来的变动性，随着社会历史的演变，传统的内涵也在不断地丰富和变化，它的原生文明因素由于吸收

序一图 10　二十四孝——负亲逃难（春在楼）

了其他文化的次生文明因素，永无止境地产生着新的组合、渗透和裂变。”[①]

诚然，由于时间的磨洗以及其他原因，装饰符号的象征意义、功利目的渐渐淡化。加上传承又多工匠世家的父子、师徒“秘传”，虽有图纸留存，但大多还是停留在知其然而不知其所以然的阶段，致使某些显著的装饰纹样，虽然也为“有意味的形式”，但原始记忆模糊甚至丧失，成为无指称意义的文化符码，一种康德所说的“纯粹美”的装饰性外壳了。

尽管如此，苏州园林的装饰图案依然具有现实价值：

没有任何的艺术会含有传达罪恶的意念[②]，园林装饰图案是历史的物化、物化的历史，是一本生动形象的真善美文化教材。“艺术同哲学、科学、宗教一样，也启示着宇宙人生最深的真实，但却是借助于幻想的象征力以诉之于人类的直观的心灵与情绪意境。而‘美’是它的附带的‘赠品’。”[③]装饰图案蕴含着的内美是历史的积淀或历史美感的叠加，具有永恒的魅力，因为这种美，不仅是诉之于人感官的美，更重要的是诉之于人精神的美感，包括历史的、道德的、情感的，这些美的符号又是那么丰富深厚而隽永，细细咀嚼玩味，心灵好似沉浸于美的甘露之中，并获得净化了的美的陶冶。且由于这种美寓于日常的起居歌吟之中，使我们在举目仰首之间、周规折矩之中，都无不受其熏陶。这种潜移默化的感染功能较之带有强制性的教育更有效。

装饰图案是表象思维的产物，大多可以凭借直觉通过感受接受文化，一般人对形象的感受能力大大超过了抽象思维能力，图案正是对文化的一种“视觉传承”[④]，图案将中华民族道德信仰等抽象变成可视具象，视觉是感觉加光速的作用，光速是目前最快的速度，所以视觉传承能在最短的时间中，立刻使古老文化的意涵、思维、形象、感知得到和谐的统一，其作用是不容忽视的。

苏州园林装饰图案是中华民族千年积累的文化宝库，是士大夫文化和民俗文化相互渗化的完美体现，也是创造新文化的源头活水。

游览苏州园林，请留意一下触目皆是的装饰图案，你可以认识一下吴人是怎样借助谐音和相应的形象，将虚无杳渺的幻想、祝愿、憧憬，化成了具有确切寄寓和名目的图案的，而这些韵致隽永、雅趣天成的饰物，将会给你带来真善美的精神愉悦和无尽诗意。

本系列所涉图案单一纹样极少，往往为多种纹样交叠，如柿蒂纹中心多海棠花纹，灯笼纹边缘又呈橄榄纹等，如意头纹、如意云纹作为幅面主纹的点缀应用尤广。鉴于此，本系列图片标示一般随标题主纹而定，主纹外的组图纹样则出现在行文解释中。

曹林娣修改于辛丑桐月

① 叶朗：《审美文化的当代课题》，《美学》1988年第12期。

② 吴振声：《中国建筑装饰艺术》，台北文史出版社，1980年版，第5页。

③ 宗白华：《略谈艺术的“价值结构”》，见《天光云影》，北京：北京大学出版社，2006年版，第76–77页。

④ 王惕：《中华美术民俗》，北京：中国人民大学出版社，1996年版，第31页。

序二

无雕不成屋　有刻斯为贵

建筑木雕起源于何时尚待考古实物的证明。苏州草鞋山出土文物中，有3000年前木刻件遗物。2500多年前，伍子胥筑苏州古城，《吴越春秋·阖闾内传》记载："欲东并大越，越在东南，故立蛇门以制敌国。吴在辰，其位龙也，故小城南门上反羽为两鲵鱙，以象龙角。越在巳地，其位蛇也，故南大门上有木蛇，北向首内，示越属于吴也。"同书还记载，姑苏台的木材是勾践所献，因"木塞于渎"而得名的"木渎"今为苏州名镇。勾践所献木材都"巧工施校，制以规绳。雕治圆转，刻削磨砻。分以丹青，错画文章。婴以白璧，缕以黄金。状类龙蛇，文彩生光"，姑苏台建筑雕镂之精工，可见一斑。

据《春秋·庄公二十三年》："秋，丹桓宫楹。"又《春秋·庄公二十四年》："春，王三月，刻桓宫桷。"柱子漆成红色，方形的椽子雕着花纹。《国语·鲁语》记载"匠师庆谏庄公丹楹刻桷"，也有"庄公丹桓宫之楹，而刻其桷"的记载，说明春秋时期建筑精巧华丽，雕纹精美。

1965年湖北省江陵望山一号墓出土的战国中晚期彩绘木雕小座屏上，镂空透雕有凤、鹿、蛇等多种动物。先秦木雕已经采用线刻、突雕、透空雕等多种雕刻手法。

两汉时期的建筑木雕技艺得到了进一步的发展，南北朝时期建筑木柱上已经使用压地隐起木雕技艺；到了五代两宋时期，建筑木雕已发展到相当成熟的阶段。特别是宋代《营造法式》对建筑木雕做了专门记述，并附有图样。

宋代苏州建筑上已经出现“风穿牡丹”“双龙抱珠”“桃李佛手”以及各种博古、回纹、香草、暗八仙等连锁花纹，至明代，苏州的木雕技艺以“精、细、雅、丽”名闻遐迩，与安徽、南京、宁波并列为南派木雕“四大流派”，“苏式”红木雕刻尤为一绝。清代建筑木雕工艺创造出嵌雕组合和贴雕两种形式，木雕技艺更加炉火纯青。

“江南木工巧匠，皆出于香山”，香山名手辈出，号“香山帮”，祖师是天安门城楼的设计者蒯祥，时号“蒯鲁班”，官至工部左侍郎；苏州鲁班会首任会长姚承祖，著《营造法原》；还有木雕名手鲍天成、杜士元等。近代雕刻名家赵子康，所雕龙凤狮、人物花鸟，新颖别致，精雅而不落匠气，人称“手艺高，雕花赵”。狮子林真趣亭六扇并列的屏风长窗中的雀梅竹石长窗，为赵子康重新雕配，拙政园留听阁“岁寒三友”飞罩左上角损坏了三分之一，也由他选料镶补，新旧雕刻，天衣无缝，浑然天成（序二图 1）。

序二图 1　留听阁“岁寒三友”飞罩一角（拙政园）

古代匠师对称之为大木作的框架构件或承重的结构用木，涂上油漆或彩绘加以保护，但彩绘怕湿，容易变色脱落，所以，清代以来苏式彩绘式微，普遍采用雕刻，形成“南雕北画”的地域特色。苏州园林建筑物上的木雕构件主要有：山雾云、抱梁云、梁垫、棹木、梁两侧雕刻封拱板、垫拱板、鞋麻板、水浪机、花机以及偷步柱花篮厅的花篮头、插件等雕花件。

苏州园林楼、阁、轩、榭及窗格、栏杆、挂络、飞罩、落地罩、挂落、隔扇上，运用浮雕、镂空雕刻、立体圆雕、锼空雕刻、镂空贴花、浅雕等各种表现形式，饰以古拙、幽雅的雕刻图案，山水、花卉、书法，真是“无雕不成屋，有刻斯为贵”，绮纹古拙，玲珑剔透，妙在自然，堪称“雕梁”。如留园、拙政园内的楼、阁、轩、榭及厅堂的门窗、隔扇等都饰以古拙、幽雅的浮雕图案花纹，不少厅堂屏风浅雕着山水、花卉、书法，所雕之处漆以嫩绿色，底色为深棕色，清雅素净。如拙政园“三十六鸳鸯馆”的隔堂屏风的花窗裙板上有浅雕兰花、竹、石、博古等图案，刻工精细，风雅秀丽。

现存的苏州园林木雕装饰精品，大多是明清及以后留存的实物。特色鲜明，雕刻材料精良。用木质纤维紧密的材料，诸如杉木、香樟木、银杏木、白桃、红木、楠木等优质木材，雕刻技艺精湛，绮文玲珑。

雕刻题材寓意吉祥，表现了人们热爱生活、憧憬未来的美好愿望。如狮子林真趣亭屋架梁柱刻“凤穿牡丹”图案，寓“富贵双全”之意，三面吴王靠刻狮子头及山字花卉，狮子为神圣建筑的守护者，卍字寓万德吉祥之意。亭内六扇长窗上下各刻有六幅吉祥图案，出自苏州桃花坞木刻名家之手，上面六幅为：“和睦延年、富贵双全、节节高升、喜上眉梢、锦上添花、鸳鸯嬉水”，下面六幅为：“三羊开泰、马上封侯、威震山河、太师少师、欢天喜地、万象更新”。网师园“梯云室”落地罩上雕刻有双面鹊梅图，形象逼真，制作精美。喜鹊是报春的吉祥鸟，喜鹊叫，喜事到，喻“喜事”；梅开百花之先，是报春之花，梅花与喜事连在一起，表示“喜上眉（梅）梢”。

拙政园“留听阁”有清初用银杏木立体雕刻的松竹梅飞罩，下部雕出弯曲的虬干构成基本框架，在中间与两角以松鹊梅作点缀。松皮斑驳，竹枝挺拔，梅花拈撰，山石罅空圆滑，鸟雀栩栩如生，令人叹赏，体现了“喜鹊登梅，松竹长青”的主题。

雕刻图案优美，技法圆熟，并吸收了西洋表现手法，注重写实，注意人体比例，花卉、动物、人物进一步从装饰纹样中独立出来，再进行适当地抽象和图案化，画面生动活泼。

雕刻画面的布局均衡，凡大面积的人物故事雕刻，往往在空处点缀小型物件，以牵其势但又不牵强附会。如在博古架上设置古瓶器皿，内插梅花、如意、拂尘或竹子、宝剑等，旁置水仙盆景蔬果。轻重相当，左右大致均匀。刻工的雕刻口诀非常符合画学透视理论，如“山要高用云托，石要峭飞泉流，路要窄车马塞，楼要远树木掩”等（序二图 2）。

序二图 2　博古图（拙政园）

序二图 3　牡丹飞罩（狮子林）

牵连牢固。如镂空飞罩、花牙子、雀替等凭借花纹本身的牵络连接而成整体。[1] 如狮子林牡丹飞罩，用两根牡丹花叶连接，美观优雅，与主题浑然一体（序二图 3）。

苏州园林木雕往往与文学直接融为一体。雕刻图案所使用的艺术手法和文学艺术并无二致，如比喻、象征、谐音等，如乐器磬加上双鲤鱼，象征吉庆双利（余）（鲤鱼）；以《三国演义》关羽故事，暗喻忠义，《西厢记》戏文象征真情以及宣扬褒善贬恶等情感。取材于文学名著、传统戏文故事的图案，经匠师们的提炼、加工刻画，并以连环画的形式展现，使人浸润在文学和戏文的艺术氛围之中，产生文学戏曲艺术的联想，补充或扩充了建筑物的艺术意境，渲染了一种文学艺术氛围。

值得一说的是，苏州木雕图案还有直接取材于山水田园诗的诗意图，用四字点题，将诗意化为图案，诗中有画、画中有诗，更是美妙无比。如“采菊东篱”（序二图 4），是陶渊明《饮酒》其五中“采菊东篱下，悠然见南山”的诗意图。“鸟鸣山幽”是南朝梁王籍《入若耶溪》诗意，用“寂处有声”的艺术手法，创造了一个幽静、深邃、富有情趣的自然景色，宣扬世界的静止和安谧，颇富佛教禅意。更有许多是唐人的诗和诗意画，诗书画兼美。如韦应物山水诗的名篇《滁州西涧》：“独怜幽草涧边生，上有黄鹂深树鸣。春潮带雨晚来

序二图 4　采菊东篱（严家花园）

① 参崔晋余主编《苏州香山帮建筑》，中国建筑工业出版社，2004 年。

急，野渡无人舟自横。”这诗写春游西涧赏景和晚雨野渡所见。在春天繁荣景物中，诗人独爱自甘寂寞的涧边幽草，而对深树上鸣声诱人的黄莺儿却表示无意关注，置之陪衬，以相比照。幽草安贫守节，黄鹂居高媚时，其喻仕宦世态，寓意显然，清楚表露出诗人恬淡的胸襟。晚潮加上春雨，水势更急。而郊野渡口，本来行人无多，此刻更其无人。因此，连船夫也不在了，只见空空的渡船自在浮泊，悠然漠然。水急舟横，由于渡口在郊野，无人问津。诗人以情写景，借景述意，胸襟恬淡，情怀忧伤。读诗观画，加上美景的映衬，分外清雅可人。

苏州园林门窗木雕图案，往往组合成一个总体主题。如春在楼下前天井门窗上，装仿古币铜质搭钮，双桃形插销；下槛用安抚形锁眼；沿后天井的门窗，装双龙抢珠铜质搭钮，北瓜形插销，下槛用海棠形锁眼。整个门窗图案寓意为“手执金币，脚踏福地，如意传代，万年永昌”。

春在楼的雕刻艺术，代表了江南地区满堂雕的水平。春在楼以木雕为主，梁桁、柱檐都雕有花卉、翎毛。月梁取双头凤形，大方典雅。梁头上浮雕出“刘、关、张桃园结义”“甘露寺刘备招亲”“诸葛亮舌战群儒”“草船借箭”等三国故事，多以连环画的形式展现；门窗格扇浮雕出“彩衣娱亲”“刻木思亲”“哭竹生笋”“大舜耕田”“王祥卧冰”“杨香打虎”“郭巨埋儿”等二十四孝故事以及《西厢记》片段等，图案古拙典雅、雕刻细致精巧，十分生动。整个木刻艺术达1587个画面，木刻大小花篮102只、凤凰172只，皆出自香山帮木刻名匠赵子康、陆文安之手。

香山帮雕刻所据版本也有特色，如二十四孝故事，仅与光绪年间木刻本（有翁同龢、张之洞等诗文）比勘，就有三则不同：光绪本“扇枕温衾”“恣蚊饱血”“涌泉跃鲤”三则，春在楼换作“文王问安”“人号圣童”“佐舜掌文”三则。雕刻图案兼顾园主的需要和雕刻幅面的大小灵活处理，因此，同一题材的图案也出现不同造型，生动活泼，能使审美主体产生超常的审美激情，从而产生愉悦的美的感觉。

苏州园林将巧夺天工的建筑造型与精美绝伦的雕刻工艺完美结合，成为古代园林建筑的典范。

当今的建筑木雕大多被机器所取代，图案也多摹刻，因此，古典园林中留存至今的这些手工雕刻珍品，大多难以再生，弥足珍贵。

本册基本按雕刻图案的题材分类，诸如植物、动物、历史人物传说、小说戏曲故事、山水诗画、器物等。

第一章

植物符号木雕

中国人在一花一草、一石一木中记载了自己的一片真情，从而使花木草石脱离或拓展了原有的意义，而成为祈福祛邪的吉祥物和人格襟怀的象征和隐喻。

园林建筑木雕中的灵花仙卉琳琅满目，可谓“雕得繁花四时香”，是建筑与艺术融入生活空间的美。

第一节

“四君子”与“岁寒三友”木雕

梅、兰、竹、菊，虽皆为自然花草，皆风清傲骨，却各具秉性，别具君子之风，古人并称为花中“四君子”，成为人们感物喻志的美丽载体和高风亮节的人格象征。

一、梅花

梅，“已是悬崖百丈冰，犹有花枝俏梅花”，它无意苦争春，冲寂自妍，不求识赏，只把春来报，坚韧、孤清、清逸，疏影横斜，暗香浮动，即使是“零落成泥碾作尘，只有香如故”，人称它纯若雪、幽若兰、傲若松、虚若竹、仞若岩。那“高标独秀”的气质，倜傥超拔的形象，是君子高尚人格的象征。自宋代开始，梅花与松、竹并称为“岁寒三友”，1919 年以后，梅花曾为中国的国花。

梅花又名五福花、吉祥花，象征着快乐、幸福、长寿、顺利、和平，古有折梅送春的习俗。南朝盛弘之《荆州记》载：“陆凯与范晔相善，自江南寄梅花一枝，诣长安，予晔，并赠花诗曰：‘折花逢驿使，寄予陇头人。江南无所有，聊赠一枝春’。”[①] 寄梅送春，成为表达友谊的高雅之举。后来，“一枝

图 1-1
梅（狮子林）

①《太平御览》卷九百七十引。

春”成为梅花的别名。苏州园林裙板上常常雕刻折枝梅（图 1-1 ~ 图 1-3）。“四君子”中的梅兰与寿石组图，喻君子之交如石之永恒（图 1-4 ~ 图 1-7）。

梅花风姿绰约，尤以横斜攲曲、古雅苍疏为美（图 1-8）。宋范成大《梅谱·后序》云：“梅，以韵胜，以格高，故以横斜疎瘦与老枝恠奇者为贵。”

图 1-2
梅（春在楼）

图 1-3
梅（留园）

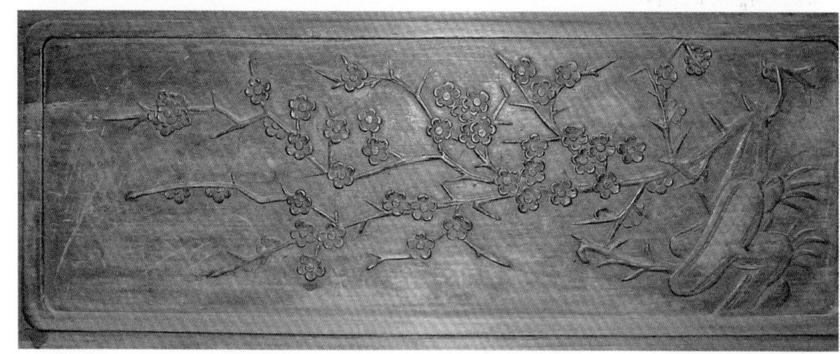

图 1-4
梅（狮子林）

图 1-5 梅（狮子林）

图 1-6 梅（留园）

图 1-7 梅（陈御史花园）

图 1-8
梅（狮子林）

二、兰花

兰者，草中之王，见称于《离骚》。兰花花朵色淡香清，花叶纷披，纠缠错结，是花、香、叶三美俱全的“空谷佳人”。多生于幽僻空谷，不以无人而不芳，“惟幽兰之芳草，禀天地之纯精”，有林泉隐士的气质，又是谦谦君子的象征。兰独具气清、色清、神清、韵清等“四清”，是花中君子、美的象征。兰花与菊花、水仙、菖蒲并称“花草四雅”（图 1-9、图 1-10）。

《易·系辞上》：“二人同心，其利断金，同心之言，其臭（xiù 气味）如兰。”木雕兰、灵芝和礁石图案，灵芝是仙草，“芝”与“之”谐音，礁石坚固，意思是牢不可破，且礁石之“礁”与“交”谐音，整幅图画表示“君子之交”（图 1-11 ~ 图 1-13）。

图 1-9　兰（狮子林）

图 1-10　兰（陈御史花园）

图 1-11　兰（狮子林）

图 1-12　兰（严家花园）

图 1–14 兰花盆架旁点缀着石榴、琴等物，风雅中还有多子的期盼；图 1–15 兰花旁有春燕飞来，燕与春光同来，是春天的象征；图 1–16 兰花盆景放在竹节花架上，旁有麒麟吐瑞，既喻兰、竹节操清雅，又现祥瑞吉兆。

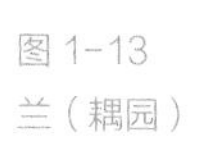

图 1–13 兰（耦园）

图 1–14 兰（留园）

图 1–15 兰（听枫园）

图 1–16 兰（忠王府）

三、竹

竹最早见于《尚书·禹贡》。竹子象征着春天，象征生命的张力、长寿，道家以为宜子孙；竹清峻高洁、高风亮节。竹，经冬不凋，且自成美景，它刚直、谦逊，不亢不卑，潇洒处世，常被看作不同流俗的高雅之士的象征。佛教因其性空无，引为教义的象征。

晋王子猷有“何可一日无此君”，故竹别号“此君”。宋苏东坡有联云：“宁可食无肉，不可居无竹。无肉令人瘦，无竹令人俗。”均将竹格等同于人格。竹子与松树、梅树合称冬季的三大吉祥植物，称“岁寒三友”。竹子还有竹报平安的吉祥意义。（图 1–17、图 1–18）

图 1–17 竹（狮子林）

图 1-18　竹（春在楼）

百节长春之竹与万古不移之石都刻于一幅（图 1-19 ~ 图 1-22），有清郑板桥《咏竹诗》意：“咬定青山不放松，立根原在破崖中。千磨万击还坚劲，任尔东南西北风。”图 1-20 中竹笋已经破土而出，图 1-22 中竹边一枝“伴蛩石缝里”的野菊花，菊蕊独盈枝。

图 1-19　竹、山石（网师园）

图 1-20　竹、山石、笋（网师园）

图 1-23 是一落竹枝地罩，竹节遒劲，竹叶茂盛潇洒，如意扣圆劲柔滑，纤细而劲挺。整座地罩，既秀雅美观又风节凛凛，令人叫绝。

图 1-24 为浅刻于拙政园内的郑板桥墨竹图，郑板桥所画之竹，是他刚直不阿、宁折不弯的人格写照。他在“衙斋卧听萧萧竹，疑是民间疾苦声。些小吾曹州县吏，一枝一叶总关情”“乌纱掷去不为官”时，“写取一枝清瘦竹，秋风江上作渔竿。”图中嫩竹老竹，泼墨有浓有淡，

图 1-21　竹、山石（网师园）

图 1-22　竹、山石、野菊花（网师园）

图 1-23 竹（忠王府）

图 1-24 拜文揖沈之斋内的郑板桥墨竹图（拙政园）

枝竹新、老、前、后，层次清楚，既互相交叉，又各自独立。画面上还写有郑板桥的诗文，诗画叠辉。

四、菊花

菊，清丽淡雅、幽香暗藏，傲霜斗雪；它艳于百花凋后，不与群芳争列，故历来被用来象征恬然自处、傲然不屈的高尚品格。咏菊的诗人可以上溯到战国时代的屈原，而当晋代陶渊明深情地吟咏过菊花之后，千载以下，菊花更作为士人人格的象征而出现在诗中画里，“孤标傲世偕谁隐”，那种冲和恬淡的疏散气质，与诗人经历了苦闷彷徨之后而获得的精神上的安详宁静相契合，菊花因称“隐花”。山野菊花的生命力更旺盛，所谓“与菊同野”（图 1–25）。

木雕中的菊花，常与寿石组图，有的还点缀着兰草。菊花能却老延龄，轻身益气，民俗中视为吉祥长寿之花；石令人古，含蕴千古历史风云。菊花与寿石象征着寿如磐石，加上兰草，即生命如兰之馨（图 1–26 ~ 图 1–31）。

菊花常常以折枝形态出现在木雕上，花形秀丽，枝叶舒展柔美（图 1–32、图 1–33）。

图 1–25
菊（狮子林）

图 1-26　菊（狮子林）
图 1-27　菊（狮子林）
图 1-28　菊（狮子林）
图 1-29　菊（狮子林）
图 1-30　菊（狮子林）
图 1-31　菊（狮子林）
图 1-32　菊（春在楼）
图 1-33　菊（春在楼）

图 1-26	图 1-27	图 1-28
图 1-29	图 1-30	图 1-31
图 1-32		
图 1-33		

五、“岁寒三友”

松、竹、梅称“岁寒三友”，松柏苍劲挺拔、蟠虬古拙的形态，抗严寒风霜，耐干旱贫瘠，常绿延年，这些生物特性，常被人们作为保持本真、坚强不屈、永葆青春的意志和英雄气魄的象征。松、竹、梅成为中国文人园林中落地罩上的传统图案，如耦园“山水间”的大型杞梓木“岁寒三友”落地罩（图 1-34），双面透雕松、竹、梅，画面浑厚，手法高超，精美绝伦，为明代遗物；与耦园的夫妇情爱主题相融合，象征夫妇之情既为高山流水知音，又能经受严寒霜冻的考验。

唐代李白诗云：“为草当作兰，为木当作松。兰幽香风远，松寒不改容。”[1] 以松喻刚直不阿。纯粹用松枝、竹子作落地罩比较罕见（图 1-35）。

① 唐李白：《于五松山赠南陵常赞诗》，《全唐诗》卷一百七十一。

图 1-34　岁寒三友落地罩（耦园）

图 1-35　松落地罩（忠王府）

第二节

灵木仙卉木雕（上）

一、牡丹花

牡丹花是中国传统名花，它端庄妩媚，雍容华贵，兼有色、香、韵三者之美，让人倾倒。唐代尊为“百花之王”，诗人李正封赞它为“国色天香”；宋人周敦颐《爱莲说》称“牡丹，花之富贵者也”，“富贵花”成了牡丹的别号。牡丹为中国国花。牡丹的富丽、华贵和丰茂，在中国传统意识中被视为繁荣昌盛、幸福和平的象征。

木雕中有折枝牡丹，花朵硕大，雍容华贵（图 1-36 ~ 图 1-39），图 1-38 是一幅正午牡丹的画面，见沈括《梦溪笔谈》：“欧阳公尝得一古画牡丹丛，其下有一猫，未知其精粗。丞相正萧吴公与欧公姻家，一见，曰：‘此正午牡丹也。何以明之？其花披哆而色燥，此日中时花也。猫眼黑睛如线，此正午猫眼也。有带露花，则房敛而色泽。猫眼早暮则睛圆，日渐中狭长，正午则如一线耳。’”有富贵如日中天之意。牡丹花与蔓草组图，象征后嗣兴旺、富贵万代（图 1-40）。

图 1-36
牡丹（狮子林）

图 1-37　牡丹（鹤园）

图 1-38　牡丹（听枫园）

图 1-39
牡丹（拙政园）

图 1-40 牡丹（狮子林）

图 1-41 画面以古钱衬底，牡丹与桂花组合，一喜鹊翩翩而至，周边牡丹蔓草，寓意富贵双全、喜庆无比。图 1-42、图 1-43 在官帽上点缀牡丹花，喻指地位、富贵都达到极致；图 1-41～图 1-43 三幅木雕，都是在狮子林乾隆皇帝亲笔御题“真趣”亭内，故雕刻内容带有强烈的颂圣色彩和皇家气派。

图 1-44 饰有元宝的盆中插着牡丹，含富贵吉祥之意。图 1-45～图 1-50 均为盛开在寿石上的牡丹花，其间点缀若干兰花，牡丹花喻富贵，寿石喻永恒，加之兰草的芳馨，象征着生活永远富贵与美好。

图 1-51～图 1-57 同样为盛开在寿石上的牡丹花，也有富贵红寿之寓意。牡丹花属富贵花，坚石喻长久、长寿，仁者乐山仁者寿。

图 1-41 牡丹（狮子林）
图 1-42 牡丹（狮子林）
图 1-43 牡丹（狮子林）

图 1-41 | 图 1-42 / 图 1-43

图 1-44　牡丹（严家花园）
图 1-45　牡丹（狮子林）
图 1-46　牡丹（狮子林）
图 1-47　牡丹（狮子林）
图 1-48　牡丹（狮子林）
图 1-49　牡丹（狮子林）
图 1-50　牡丹（狮子林）
图 1-51　牡丹（狮子林）
图 1-52　牡丹（狮子林）

图 1-44	图 1-45	图 1-46
图 1-47	图 1-48	图 1-49
图 1-50	图 1-51	图 1-52

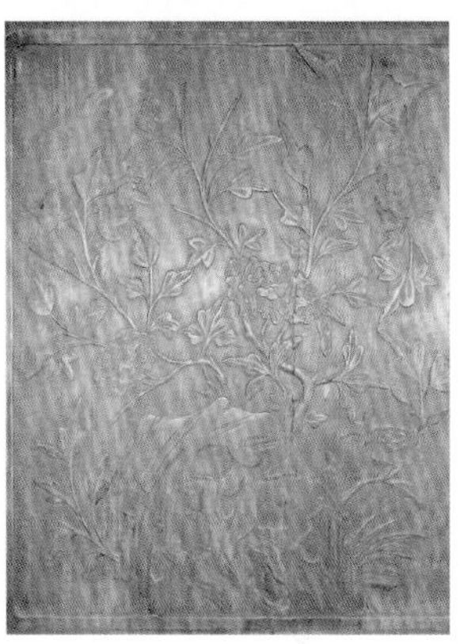

图 1-53	图 1-54	图 1-55
	图 1-56	图 1-57

图 1-53　牡丹（狮子林）
图 1-54　牡丹（狮子林）
图 1-55　牡丹（狮子林）
图 1-56　牡丹（狮子林）
图 1-57　牡丹（狮子林）

二、荷花

荷花，又名莲花、水华、芙蓉，是我国的传统名花。其花叶清秀，香气宜人。宋周敦颐《爱莲说》称："水陆草木之花，可爱者甚蕃，予独爱莲之出淤泥而不染，濯清涟而不妖，中通外直，不蔓不枝，香远益清，亭亭净植，可远观而不可亵玩焉……莲，花之君子者也。"荷花是真善美的化身，吉祥丰兴的预兆。佛教以莲花比喻清净佛性，成为"佛花"，为佛土神圣洁净之物，成为智慧与清净的象征。荷花"有五谷之实，而不有其名；兼百花之长，而各去其短"。[①]

图 1-58 美丽的荷花和结子莲蓬，象征着丰收和美满，玲珑的湖石又象征着君子之坚定；图 1-59 是一藕上长出两梗荷花，一梗荷花盛开，一梗已经结成莲子，既象征丰收美满，又有"出淤泥而不染"之意；图 1-60 寓意"本固枝荣"，莲为盘根植物，盘根错节，枝叶和花并盛，比喻根基坚实，事业兴旺；图 1-61 ~ 图 1-66 是刻在严家花园裙板上的一组荷花，亭亭玉立在清池之中，荷叶田田，衬着盛开的或含苞待放的莲花，清纯而恬美。

① 李渔《闲情偶寄》。

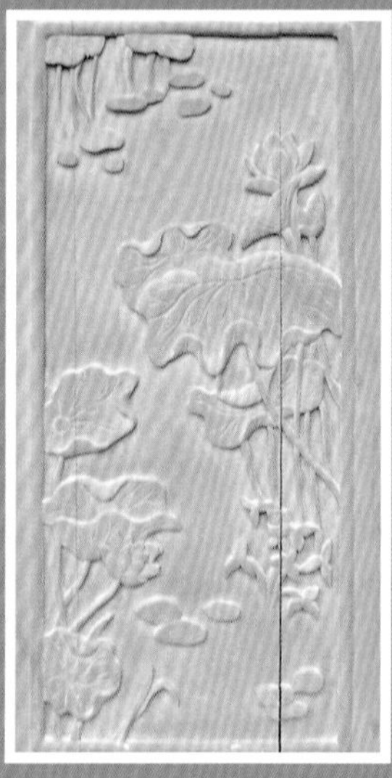
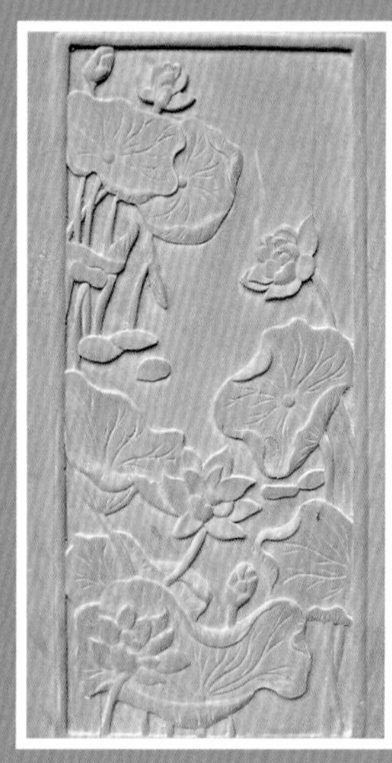
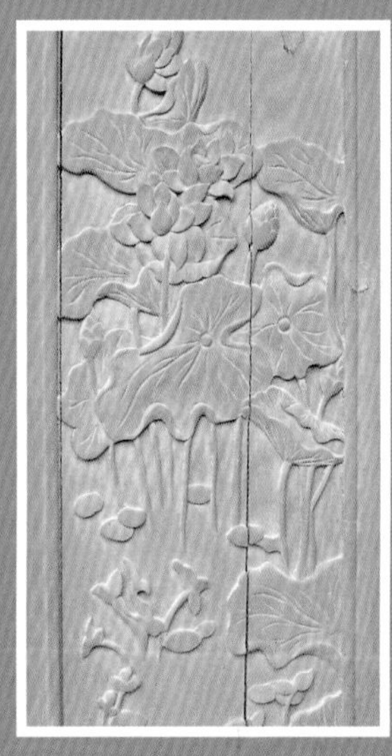

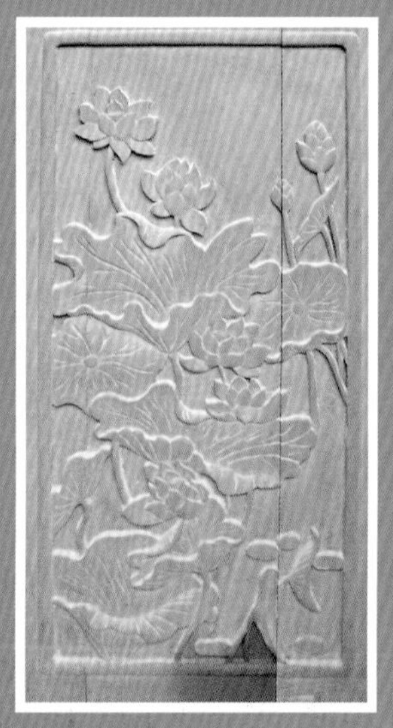

图 1-58　荷花（拙政园）
图 1-59　荷花（狮子林）
图 1-60　本固枝荣（严家花园）
图 1-61　荷花（严家花园）
图 1-62　荷花（严家花园）
图 1-63　荷花（严家花园）
图 1-64　荷花（严家花园）
图 1-65　荷花（严家花园）
图 1-66　荷花（严家花园）

图 1-58	图 1-59	图 1-60
图 1-61	图 1-62	图 1-63
图 1-64	图 1-65	图 1-66

三、四季屏风

狮子林雕有“春杏、夏荷、秋菊、冬梅”的屏风（图 1–67），象征四季安泰。春杏，源于三国时期的名医董奉，医术高明，但看病从不收酬劳，只要求为其种杏树，数年后蔚然成林。于是后世常用杏林春满、誉满杏林等词语来称颂医生，也可称颂多行好义、道学高尚之人。科举考试殿试之期恰逢杏花盛开，故以“杏月”比喻殿试之期。及第登科者，天子接见赐宴，燕与宴谐音，以群燕翩飞于杏林的图案，称为“杏林春燕”，借喻科举高中，名列前茅（图 1–68）。

荷净纳凉，荷花给炎夏带来清凉（图 1–69）；东篱佳色，菊花染有陶渊明的闲雅，“采菊东篱下，悠然见南山”（图 1–70）；梅花成为“山家清供”，沾有山林气（图 1–71）。

图 1–67　四季屏风（狮子林）

图 1–68　春杏（狮子林）

图 1–69　夏荷（狮子林）

图 1–70　秋菊（狮子林）

图 1–71　冬梅（狮子林）

四、佛手

佛手，又名佛手柑，是一种形状奇特的柑橘果实，果实有裂纹如拳，或张开如手指，通称为“佛手”，染上了“佛”性，可藉以赐福祛邪，“佛”与“福”谐音，佛手就是福手，图案中常用来象征“幸福”，佛手与桃子、石榴一起被称为“福寿子三多”，即多福多寿多子。图1–72、图1–73这些雕刻在狮子林裙板上的佛手，代表园主祈福的愿望。

图1–72 佛手（狮子林）

图1–73 佛手（狮子林）

五、灵芝

灵芝有瑞芝、瑞草之称，中国古代以为灵芝为不死之药。汉班固《西都赋》：“于是灵草冬荣，神木丛生。”李善注：“神木灵草，谓不死药也。”中国灵芝又名三秀，陈淏子《花镜·灵芝》还认为，灵芝是“禀山川灵异而生”“一年三花，食之令人长生”。道教盛行时，又以灵芝、祥云象征如意。

“王者有德行者，则芝草生”，灵芝被赋予神圣、尊严、高尚的道德色彩，成为中国历史上最具有影响的吉祥物，也是苏州园林木雕图案中常见的题材（图1–74～图1–77）。

图1–74
灵芝（畅园）

图1–75
灵芝（耦园）

图 1-76 灵芝（怡园）

图 1-77 灵芝（耦园）

六、蔓草

蔓草，又叫吉祥草、玉带草、观音草等，“蔓”谐音“万”，形状如带，“带”又谐音“代”，蔓草由蔓延生长的形态和谐音引申出“万代”寓意，与牡丹在一起谓富贵万代。蔓草纹特别在隋唐时期最为流行，形象更显丰美，成为一种富有特色的装饰纹样，后人亦称之为唐草。唐草的曲线优美，构成自由，头尾相连结锁为九连环，适合于任何图面的镶嵌，因此被广泛地应用在苏州园林木雕装饰上（图 1-78 ~ 图 1-82）。

图 1-83 位蔓草木雕飞罩，中心如凤尾，两旁蔓草纹样卷如两只展翅的凤凰，为凤凰呈祥之意，别具匠心；图 1-84 蔓草在中心部位挽成如意结，更增称心如意的吉祥含义。

图 1-78 蔓草（狮子林）

图 1-79 蔓草（狮子林）

图 1-80 蔓草（狮子林）

图 1-81
蔓草（狮子林）

图 1-82
蔓草（狮子林）

图 1-83
蔓草（狮子林）

图 1-84
蔓草（畅园）

七、芭蕉

芭蕉直立高大，体态粗犷潇洒，但蕉叶却碧翠似绢，玲珑入画。在中国古代，芭蕉叶是文人十四件宝之一。唐书法家怀素家贫，无纸可书，常于故里种芭蕉万余，以供其挥洒。遂有“蕉书”之韵事。竹可镌诗，蕉可作字，皆文士近身之简牍。清李渔说蕉叶乃“天授名笺”“蕉叶题诗”，乃一大韵事。唐代“诗佛”、大画家王维曾画《袁安卧雪图》，图中有“雪里芭蕉”一幅，佛理寄寓在画中，有禅家超远洒落之趣，描绘的是“山中高士晶莹雪”的佛国清凉境界。芭蕉蕉叶阔大，可以听雨、题诗，“雪里芭蕉”亦成为禅家佛理的寄寓。苏州园林的芭蕉木雕落地罩，很有情趣（图 1-85、图 1-86）。

图 1-85　芭蕉落地罩（狮子林）

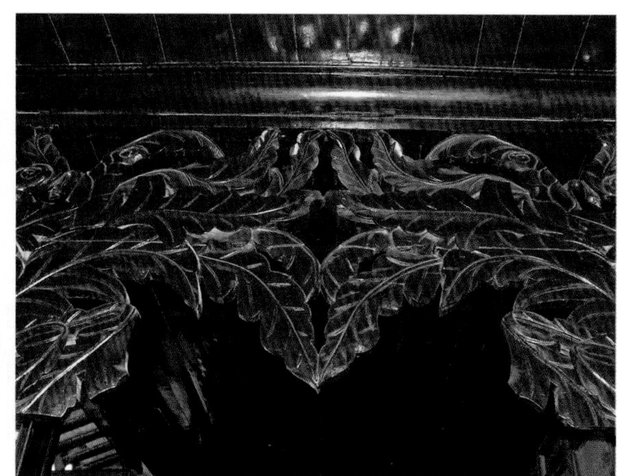

图 1-86　芭蕉落地罩局部（狮子林）

第三节

灵木仙卉木雕（下）

一、水仙

水仙，冰肌玉骨，清秀优雅，花馨香洁丽，仪态超俗，雅称“凌波仙子”。俗传为天上女史星坠地所化，因又名“女史花”。

水仙开放于新春佳节前后，被视为具有辟邪除秽、可带来新岁瑞兆的吉祥之花。水仙因带“仙”字，常与天竺、青松组成“天仙拱寿”图；与灵芝、天竺、寿石组成“芝仙祝寿”图；与群花、青竹、寿石组成“群芳祝寿”图；将水仙与松枝、梅花插入花瓶，再配上灵芝与萝卜，组成“仙壶集庆”图，花瓶象征海中仙山之一的仙壶，也叫方壶、蓬壶。寓意众人聚会共庆，吉祥如仙家（图 1–87、图 1–88）。

图 1–87　水仙（狮子林）

图 1–88　水仙（陈御史花园）

二、万年青

图 1–89 万年青盆景右侧点缀着两只带根须的百合。万年青属常绿植物，结球状红果。图案象征吉庆常在，百年好合。

图 1–89　万年青（听枫园）

三、葡萄

葡萄，落叶藤本植物，叶掌状分裂，花序呈圆锥形，开黄绿色小花，浆果多为圆形和椭圆形，色泽随品种而异，是常见的水果，亦可酿酒。汉通西域始引种栽植。《汉书 · 西域传上·大宛国》："汉使采蒲陶、目宿种归。"葡萄味美宜人，"入口甘香冰玉寒"，是深受人们喜爱的水果。葡萄枝藤繁茂，果实众多，因此是子孙兴旺的吉祥象征。图 1–90 葡萄在如意飞罩扣内，藤蔓卷似如意云纹状，象征如意吉祥；葡萄和牡丹花组图，寓意为富贵多子（图 1–92）；葡萄藤上有贪嘴的松鼠在吃多籽的葡萄，多子、丰产等意义凸现（图 1–93）。

图 1–90
飞罩葡萄如意扣
（拙政园）

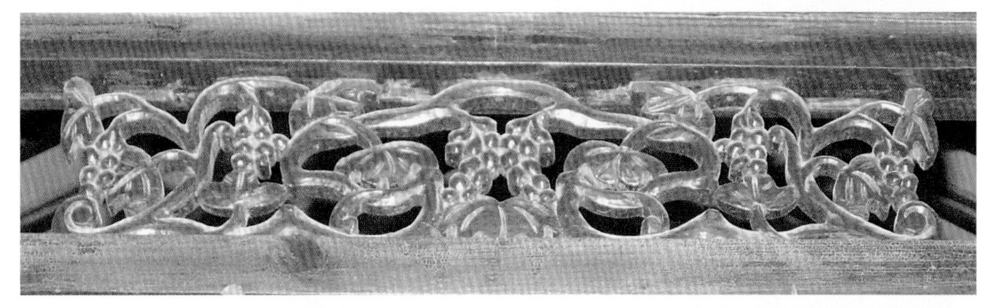

图 1–91
葡萄（严家花园）

图 1–92
葡萄（狮子林）

图 1–93
葡萄（拙政园）

四、葫芦

葫芦及其变体，反映出先人原始的宇宙观。在中华创世神话中，葫芦是天地的微缩，又是远古人类生存、救生的重要工具。

葫芦多籽，有子孙满堂的寓意，“葫芦”与“福禄”谐音同义。图 1–94 是葫芦木雕飞罩，上端正中为和合二仙，雕刻得十分精美；图 1–95 是留园林泉耆硕之馆内精致的葫芦藤蔓木雕落地罩，其上枝繁叶茂，葫芦累累；图 1–96、图 1–97 由葫芦及藤蔓组成的装饰图案，象征家族的绵延无穷，因“蔓”与“万”谐音，“蔓带”与“万代”谐音，寓意子子孙孙，万代长春吉祥。传统民俗认为葫芦吉祥而避邪气，故端午节有门上插桃枝挂葫芦的习俗。

图 1-94
葫芦木雕飞罩（忠王府）

图 1-95
葫芦藤茎圆光罩（留园）

图 1-96 葫芦（狮子林）

图 1-97 葫芦（狮子林）

五、石榴

石榴，又名安石榴、海石榴、金罂、沃丹、丹若等，具色、香、味之佳。汉代同佛经、佛像一起从中亚、西亚地区流传到中国。石榴集圣果、忘忧、繁荣、多子和爱情等吉祥意义于一身。

开始应用在装饰上的石榴带着宗教的色彩。唐朝有菩萨手持石榴枝的形象，象征平安神、夫妻恩爱神等。石榴在希腊神话中称为“忘忧果”，古希腊就有手持石榴的女神。此后，石榴一直是繁荣的象征，石榴的拉丁名为 Punica granatum，意为累累多籽；古波斯人称石榴为“太阳的圣树”，喜欢石榴籽晶莹及含有多子丰饶之意。

图 1-98 繁荣的石榴花折枝带弓，弓下有一大石榴，“弓”与“功”谐音，“石榴”和“带”则取“石带”，与“世代”之谐音，有世代有功、繁荣多子之意。耦园主人沈秉成是官场能吏，有丧子之痛，很希望子孙绕膝。

南北朝开始，人们喜欢“榴开百子”的吉祥涵义（图 1-99 ~ 图 1-103）。《北史》卷五十六《魏收传》记载，高延宗安德王新纳赵郡李祖收之女为妃。高延宗到李宅赴宴，妃母宋氏荐二石榴于王前。高延宗不解其意，大臣魏收解释曰：“石榴房中多子，今皇上新婚，妃母以石榴兆子孙众多。”此后渐成祝福婚后多子女的象征物。

图 1-98
石榴（耦园）

图 1-99
石榴（天平山高义园）

图 1-100
石榴（耦园）

图 1-101
石榴（怡园）

图 1-102
石榴（严家花园）

图 1-103
石榴（狮子林）

六、枣

枣树结果极速，幼树可当年结果，且所结枣实累累。“枣”与“早”谐音，人们在婚庆时摆放枣子，有祝福新娘早生贵子之意（图 1–104）。

图 1–104　早生贵子（严家花园）

七、穗子

由稻穗和其他谷类植物所结果实称“穗”。此图案是由一枝类似稻穗的穗子弯成门环，围以两枝带穗蔓草，曲线优美；因“穗”与“岁”谐音，象征着丰收和岁岁平安（图 1–105）。

图 1–105　岁岁平安（狮子林）

第二章

动物符号木雕

在先民“万物有灵”的观念中，动物比植物更早地跃上自然崇拜的祭台：猛兽在自然界是与人类相克的天敌，人们因恐惧而产生崇拜；鸟兽虫鱼是一部活的“物候历法”，如燕子呢喃即春天来临，大雁南飞乃秋冬到来等，这些对原始先民的生产活动具有重大意义。鸟兽虫鱼与人类相伴终身，碰撞出情感火花，并成为人类情感寄寓的载体，人类也在不断解读着鸟兽虫鱼的情感世界。如此种种，这些幻想的和现实中的鸟兽虫鱼就成为祥瑞镇邪之物，装饰在苏州园林的建筑上，融进人们的日常生活之中。

第一节

幻想灵物木雕

龙、凤、麒麟等想象的灵物，起源于远古的图腾崇拜，同列“四灵”之中。往往在一种图腾符号下是一家人，进而把原始个体组合成氏族，吉祥图腾符号成为一个民族最初凝聚力的标志。人们借此寻觅先祖的踪迹，以求得心灵的庇护，这样，图腾便成为恩神、保护神的象征。

一、龙

龙最早为东方“夷族”的太皞部落视为图腾。随着历史的向前推进，各部落间因战争、迁徙、杂居、通婚等因素，彼此间文化相互渗透融合，就逐渐形成了中国历史上广泛的龙图腾崇拜。龙是先民基于自然崇拜而假想的动物，龙文化在我国已有八千年的历史。龙作为神兽标记符号，在距今约六千多年的半坡彩陶上就有类龙纹；苏州吴县草鞋山的良渚文化晚期出土陶器盖上，也勾刻有似龙似蛇的图案。

商周青铜器上有了龙形纹饰；春秋以前，玉佩大多以龙凤图案一并出现；至战国时期，龙的图案开始使用在建筑上；秦汉时，瓦当、画像砖上龙纹饰大量出现；唐代以后，龙纹造型更趋规范化，遂形成“九似”之身：角似鹿、头似驼、眼如兔、项似蛇、腹如蜃、鳞如鱼、爪似鹰、掌似虎、身如牛，口角旁有须髯，颌下有珠。中华龙是多元龙的集合体，有苍龙、蛟龙、应龙、虬龙、螭龙之分。

中华龙是大自然威力的象征，受到“以农立国”的中华先民的敬畏和尊崇。《说文解字·龙部》称：“龙，鳞虫之长。能幽能明，能细能巨，能短能长。春分而登天，秋分而潜渊。”龙不仅具有变幻莫测的神异色彩，还能在水中游，云中飞，陆上行，呼风唤雨，行云拔雾，司掌旱涝，主宰风雪雨露，具有利万物的吉祥内涵。雨水乃农业生产的命脉，作为“主水之神”龙，能兴云作雨祈丰收，遂成为百姓心中神圣、吉祥、喜庆之神和保护神。龙由于具有飞升上天的能力，在远古神话中通常被视为通天的工具，幻化成为神仙圣人们的坐骑。

《史记》中言汉高祖刘邦为其母感龙孕所生，刘邦遂以龙子自贵，自此，帝王自命“真龙天子”，龙遂成为“帝德”和“天威”的标记，也成为皇家建筑装饰的专利。

私家园林建筑物上的龙饰物，大多为四爪龙、三爪龙，以区别作为皇帝象征的“五爪金龙”，大致有正龙、升龙、降龙、行龙、戏珠龙、戏水龙、穿云龙（图2–1）、花纹拐子龙纹、回纹拐子龙纹、夔龙、草龙、虬龙纹等十几种，以避僭越之嫌。

夔龙本为舜二臣之名，夔为乐官，龙为谏官。后人混为一谈，遂有夔龙之名。又误将“夔一而足”误为夔为一足之人，又将夔为一足之人传为兽名，夔龙连称，成为传说只有一足的龙形动物[①]。

用夔龙纹组成花篮（图2–2），兼有喜庆色彩；方圆两座夔龙纹落地罩，正好是天圆地方的形象图解（图2–3）；夔龙纹中镶嵌着花篮，花篮上又嵌夔龙纹，十分巧妙而又精致（图2–4）。

① 曹林娣：《龙文化与装饰纹样》，《艺苑》2007年第5期。

图2-1 | 图2-2

图2-1
云龙（拙政园）

图2-2
夔龙花篮（拙政园）

图 2-3　夔龙方圆落地罩（拙政园）

图 2-4　夔纹嵌花篮（拙政园）

耦园城曲草堂上的夔龙纹木雕飞罩（图 2–5），上方正中嵌有蝙蝠、磬和寿桃，寓意为福寿吉庆；耦园还砚斋的夔龙纹木雕落地罩（图 2–6），正中团寿，两旁嵌夔龙纹花篮（图 2–7），周边嵌竹子、石榴、寿桃等吉祥物，寓意为福寿多子。

图 2-5

图 2-6 | 图 2-7

图 2-5
夔纹飞罩（耦园）

图 2-6
夔纹嵌花篮落地罩（耦园还砚斋）

图 2-7
嵌花篮（耦园）

拐子龙是一种把龙形简单化的图案，它和蔓草组合在一起称“草龙拐子”。“拐子”与“贵子”谐音，连接不断的拐子龙包含着无限幸福、后嗣富贵的意义。草龙组图左右对称，曲线优美，图 2–8 以海棠形图案为中心，多对草龙相对；图 2–9 两草龙捧寿字；图 2–10 双草龙捧两如意结；图 2–11 装饰在雀替上的草龙盘曲成蔓草纹卷，姿态各异。

图 2–8　草龙拐子（拙政园）
图 2–9　二草龙捧寿（留园）
图 2–10　双草龙捧如意结（狮子林）

图 2–8
图 2–9
图 2–10

图 2–12 三对草龙捧着同样是草龙组成的花篮，造型独特；图 2–13 双草龙捧折扇，善者，善也，折扇是由蝙蝠演化而来，含有福意[1]；图 2–14 是在形似官帽的耳上雕镂的草龙，肢体盘曲优美；图 2–15 为图 2–14 局部特写。

① 曹林娣：《论中国园林的蝙蝠符号》，《苏州教育学院学报》2007 年第 2 期。

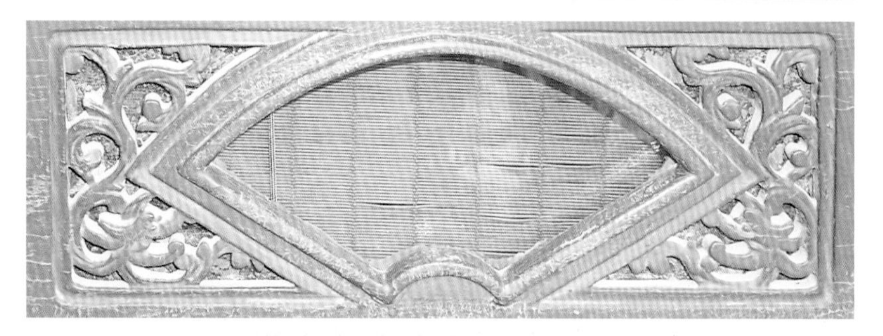

图 2-11　草龙（网师园）
图 2-12　草龙（拙政园）
图 2-13　草龙（全晋会馆）
图 2-14　草龙（艺圃）
图 2-15　草龙拐子（艺圃）

图 2-11 | 图 2-12
图 2-13
图 2-14
图 2-15

《庄子》有“千金之珠，必在九重之渊而骊龙颌下”。《埤雅》言：“龙珠在颔。”珠，是水中某些软体动物在一定的外界条件刺激下，由贝壳内分泌并形成的圆形颗粒，光泽亮丽，遂称珍珠。龙为水族之长，专家认为，古人或许是将鳄卵蛇卵视为“珠”，卵就是生命之源，龙珠即龙卵；双龙戏珠，象征着雌雄双龙对生命的呵护、爱抚和尊重，体现和表达了古人的“生命意识”。龙戏珠有单龙戏珠、双龙戏珠、三龙戏珠和多龙戏珠之分。一说龙能降雨，民间遇旱年常拜祭龙王祈雨，后演成耍龙灯的民俗活动。双龙戏珠即由耍龙灯演变来的，有庆丰年、祈吉祥之意。

木雕龙戏珠的形态也丰富多变：图 2–16 图案正中圆形似珠，珠内还有盘龙（珠子有时还雕成圆形团寿）；图 2–17 正中嵌如意团寿，周饰十颗龙珠；图 2–18 为双草龙戏珠，其中珠子为阴阳仪；图 2–19 多龙捧寿，寿字嵌在珠内；图 2–20 珠内双龙顶寿，珠外双龙戏珠，可谓变化多端。

龙珠有时成一火珠，下面是粼粼波光；双龙戏火珠，此处（图 2–21、图 2–22）火珠象征着太阳出海，龙在五行中为东方之神，龙戏火珠就有太阳崇拜的意义，喻雌雄双龙共迎旭日东升。

图 2–16　草龙（拙政园）

图 2–17　草龙托寿（全晋会馆）

图 2-18
双草龙戏珠（陈御史花园）

图 2-19
多龙戏珠（团寿）（留园）

图 2-20
双龙戏珠（团寿）（拙政园）

图 2-21
双龙戏火珠（畅园）

图 2-22
双龙戏火珠（拙政园）

二、凤

① 晋王嘉《拾遗记·春皇庖牺》。

凤凰是原始先民太阳崇拜和鸟图腾的融合与神化，通常简称为凤。传说凤凰为五行金、木、水、火、土中离火臻化为精而生成的。“太阳纹”为圆涡纹，金文写作囘，图案理论家雷圭元称为“光的图案”，简写为⊙，“火似圜”。春秋晚期火龙纹钟鼓部的圆涡形是由两只鸟组成的，即汉代画像砖上的日精三足乌。神话中东方之帝太皞，“其明睿照于八区，是谓太昊，昊者，明也。”[①] 带有日神特征。少皞为神话中鸟部落的首领，曾在东海之外建国，后又成为西方的天帝，可能就是以凤为图腾的民族。

秦汉时期，凤为千姿百态的朱雀。六朝时期，凤的象征意义更为理想化，唐武则天自比于凤，并以匹配帝王之龙，自此，凤成为龙的雌性配偶，封建王朝最高贵女性的代表。凤凰集丹凤、朱雀、青鸾、白凤等凤鸟家族与百鸟华彩于一身，终成鸟中之王（图 2–23、图 2–24）。

图 2–23 凤凰呈祥（狮子林）

辽金元“鹰形凤”掺进了朱雀，形成以鹰和朱雀为基础，以鸡为原型的凤凰形象；明清沿袭，并进一步附丽；清后期出现“龙凤合流”趋势，凤尾被植到龙尾上，龙足爪嫁接到凤身上，即今之凤凰。今天所见的凤凰形象由各民族文化观念、审美意识的碰撞融合、经过道德升华积淀而成。其基本形态是：锦鸡头、鸳鸯身、鹦鹉嘴、大鹏翅、孔雀尾、仙鹤足，居百鸟之首，五彩斑斓，仪态万方。

图 2–24
丹凤呈祥（春在楼）

神鸟凤凰只在清明之世出现，所以，凤凰的出现是天下安宁的象征。《诗经·大雅·卷阿》：“凤凰于飞，翙翙其羽。”比喻夫妻相亲相爱，荣华富贵，或预示着美好与和平。

“丹凤朝阳”是凤凰最辉煌的形象，含有诸多的吉祥意义。《诗经·大雅·卷阿》：“凤凰鸣矣，于彼高冈。梧桐生矣，于彼朝阳。”将丹凤比喻贤才，朝阳比喻明时，所以，首翼赤色的凤鸟向着一轮红日，表示了“贤才逢明时”，也象征着追求光明与幸福。凤立于梧桐树旁，对着初升的太阳鸣叫，组成的“凤鸣朝阳”图案，寓天下太平之吉兆，也指代高才遇良机，英雄际会，福星高照，将要飞黄腾达（图 2–25~图 2–27）。

图2-25
图2-26 | 图2-27

图 2–25
凤凰呈祥（全晋会馆）

图 2–26
丹凤朝阳（狮子林）

图 2–27
凤凰（狮子林）

凤凰色泽五彩缤纷，羽毛均成纹理，其首之纹为德，翼纹为礼，背纹为义，胸纹为仁，腹纹为信。凤凰的身体为仁义礼德信五种美德的象征，即圣德之人的化身。在生活习俗上，凤凰不啄活虫，不折生草，不群居，不乱翔，非竹实不食，非灵泉不饮，非梧桐不栖，是《庄子》中鵷鶵鸟的翻版（图 2–28）。

图 2-28 凤栖梧桐（留园）

唐代百鸟之王凤纹与百花之王牡丹相结合，成“凤戏牡丹”的图案，具有富贵吉祥的涵义。传于民间后，则比喻夫妻恩爱、美满幸福，也是富贵之极的象征（图 2-29 ~ 图 2-33）。

图 2-34 双凤尾部镶牡丹花，正中书卷形房架上雕刻《三国演义》鏖战场面，上嵌一大如意；图 2-35 凤凰脚登多孔太湖石，在牡丹丛中回头向着一轮红日鸣叫，兼有“凤戏牡丹”和“凤鸣朝阳”之意；图 2-36 为单凤栖牡丹图案。

图 2-37 ~ 图 2-39 都是雕在栏杆上、镶嵌在海棠中的“凤戏牡丹”图，含有满堂喜庆之意。

图 2-29 凤戏牡丹（狮子林）
图 2-30 凤戏牡丹（狮子林）
图 2-31 双凤戏牡丹（狮子林）

图 2-29 | 图 2-30
图 2-31

图2-32
图2-33
图2-34

图 2-32　双凤戏牡丹（畅园）
图 2-33　凤戏牡丹特写（畅园）
图 2-34　双凤戏牡丹（春在楼）

图2-35	图2-36
图2-37	图2-38
	图2-39

图2-35　凤戏牡丹（拙政园）
图2-36　凤戏牡丹（春在楼）
图2-37　海棠花框中的凤戏牡丹（狮子林）
图2-38　海棠花框中的凤戏牡丹（狮子林）
图2-39　海棠花框中的凤戏牡丹（狮子林）

三、麒麟

麒麟，中国古代神话传说中的百兽之王，与龙、凤、龟共称为“四灵”。麒麟“含仁而戴义，音中钟吕，步中规矩，不践生虫，不折生草，不食不义，不饮洿池，不入坑阱，不行罗网”[①]，是“设武备而不用”的仁兽，且为长寿之物，能活两千年。一般生活在沼泽地。《礼记·礼运》：“山出器车，河出马图，凤凰麒麟，皆在郊棷。”相传只在太平盛世或世有圣人时，此兽才会出现，《春秋》《左传》《史记》《汉书》中都有关于麒麟的记载。麒麟形象随时代而变化：汉朝与鹿和马相似；宋代身披鳞甲，躯体变为狮虎般的猛兽形[②]；明清时，麒麟纹的种类很多，有的头尾似龙，有的蹄为爪形。麒麟的典型特征为：龙头、鹿身、牛尾、马足，全身披鳞甲，麒有独角，麟无角，口能吐火，声音如雷，是集美的形象，也是仁慈和吉祥的象征。传统图案有麒麟献瑞（图 2–40 ~ 图 2–43）、麒麟吐书、麒麟送子等。

① 南朝沈约：《宋书·符瑞志》。

② 宋李明仲：《营造法式》。

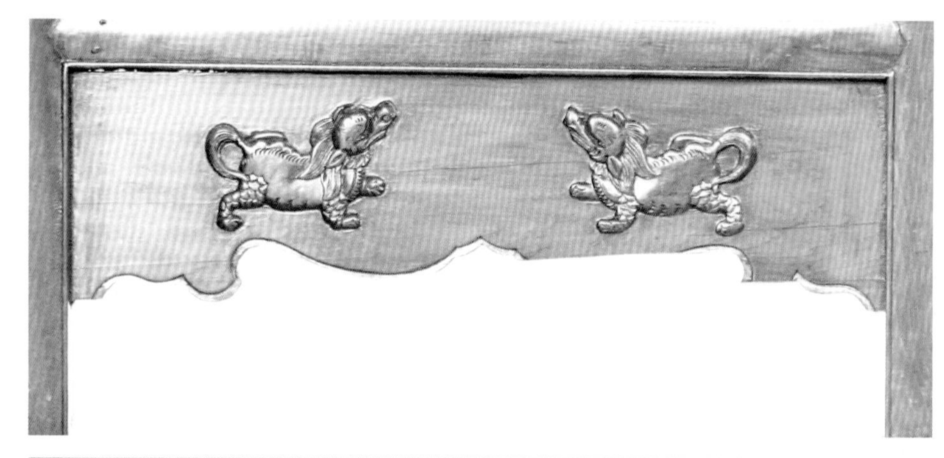

图 2–40
麒麟献瑞（留园）

图 2–41
麒麟献瑞
（拙政园）

图 2-42 麒麟献瑞（全晋会馆）

图 2-43 麒麟献瑞（留园）

据《拾遗记》记载：孔子出生时，上天派麒麟降玉书于孔家院子里，即“麟吐玉书”，麒麟成为孔子的化身。又传说，孔子白日做梦，梦见一小男孩在用石头砸麒麟。孔子非常生气，阻止了小男孩的举动，并耐心地给麒麟疗伤，用自己的长袍给麒麟御寒。麒麟大受感动，口吐天书三卷，上写“水精之子孙，衰周而素王”，意谓他有帝王之德而未居其位，成就了儒家圣贤（图 2-44、图 2-45）。

图 2-44
麟吐玉书（留园）

图 2-45
麟吐玉书（留园）

在“麒麟吐书”雕刻图案中，为照顾画面平衡，往往还点缀着佛手（福）、如意、暗八仙、古钱等，增加幸福、如意、辟邪诸涵义（图 2-46）；图 2-47 画面点缀如意扣、万年青盆景和寿桃，麒麟所吐为卷状书，喻万年如意，多福多寿；图 2-48 画面点缀增加葡萄、花瓶、柿子，喻平安多子、事事如意。

图 2-46
麟吐玉书（耦园）

图 2-47
麒麟吐书、如意万年（耦园）

图 2-48
麒麟吐书、平安多子（怡园）

第二节

瑞兽木雕

一、蝙蝠

蝙蝠，是唯一能飞翔的哺乳动物，亦称仙鼠、天鼠等，在中国被视为吉祥之物。“蝠”与“福”谐音，“全寿富贵之谓福”①；蝙蝠是长寿之物。晋崔豹《古今注·鱼虫》：“蝙蝠，一名仙鼠，一名飞鼠。五百岁则色白脑重，集则头垂，故谓之倒折，食之神仙。”蝙蝠深藏在黑洞，到晚上才出现，一身幽暗，很难被人发现，故蝙蝠善于韬晦避祸；作为夜行者的蝙蝠，传说还能帮助钟馗捉鬼。因此蝙蝠具有幸福长寿、避祸压邪等象征意义。

木雕中的蝙蝠往往在如意形的祥云中翩翩起舞（图 2-49）；也有两只蝙蝠上下双舞，象征上下有福（图 2-50）；图 2-51 是简化的蝙蝠纹组图；蝙蝠捧团寿是常见的雕刻图案（图 2-52 ~ 图 2-54），往往是五只

① 《韩非子·解老》。

蝙蝠在祥云中围着圆形团寿飞翔，象征“五福捧寿”；图 2-55 蝙蝠口衔磬，隐于夔龙纹花篮中，四角嵌蝙蝠、如意头纹，象征幸福绵绵；图 2-56 一位老者和手持寿桃的童子，一蝙蝠飞来，组成“福寿双全”的吉祥图案。

图 2-57 ~ 图 2-59，均为蝙蝠口衔馨鱼，象征幸福、吉庆有余。图 2-60 蝙蝠纹和葡萄纹、蔓草纹，象征幸福绵长丰收多子。

图 2-49 蝙蝠呈祥（拙政园）
图 2-50 上下蝙蝠（留园）
图 2-51 简化的蝙蝠纹（艺圃）
图 2-52 蝙蝠捧团寿（狮子林）
图 2-53 蝙蝠捧团寿（狮子林）
图 2-54 五福捧寿（春在楼）
图 2-55 夔形花篮状幸福吉庆（狮子林）
图 2-56 福寿双全（严家花园）
图 2-57 幸福吉庆双利（鲤）（耦园）

图 2-49	图 2-50	图 2-51
图 2-52	图 2-53	图 2-54
图 2-55	图 2-56	图 2-57

图 2-58
幸福吉庆有余（耦园）

图 2-59
幸福吉庆有余、祥云（耦园）

图 2-60
幸福丰收（狮子林）

二、狮子

狮子生存在非洲和亚洲的西部，它的吼声很大，有“兽王”之称。佛教中比喻佛说法时震慑一切外道邪说的神威叫“狮子吼”[①]。狮子是佛教中的护法神兽，狮子在梵语中叫“僧伽彼”，是释迦牟尼左肋侍文殊菩萨乘坐的神兽。修行的佛教徒，打坐的地方称为狮子座。佛经记载了狮子王十一种美好的品格，诸如律己、持重、修身养性、友爱众生、悟生活真谛、令众生归心等。狮子脱却世俗的品性，在佛的光辉中找到了个性的归宿，佛也从狮子的品性中，悟通了人世追求极乐的理想。

东汉章和元年（公元 87 年），第一头狮子由大月氏献到中国，人们便以“灵兽”的品位加以崇尚。狮子是“进口货”，但狮子的塑像及文化却是“国产”的。我国东汉就有狮子的石雕作品，造型古朴，线条简单有力，无华饰；魏晋时期，狮子形状怪诞夸张；盛唐时期，狮子形象威风凛凛，鬣毛呈漩涡状，从此漩涡状的鬣毛就成为中国式狮子的明显特征，为后世所沿袭，且鬣毛漩涡的多少成为门第等级的标志；宋代，狮子胸前多了一条束带，

①《维摩经·佛国品》。

上坠銮铃，气宇轩昂，成了驯狮；元代，狮子更是憨态可掬，很具人情味；明清时期，狮子挺胸昂首，不可一世，怒目作狂吼状，体态浑圆臃肿，身披束带，上挂銮铃。狮子作为雕塑的题材，得到了广泛的应用，其形象才被固定化；其功能也从负有重任的门户守卫者，转化为众多建筑物及园林点缀的美的使者和法权象征，也用以驱邪辟祟（图 2-61 ~ 图 2-64）。

“狮”与“师”谐音，大狮子和小狮子喻“太师、少师”，暗含世居高位之意（图 2-65）。周立太师、太傅、太保，合称“三公”，这是朝廷中的最高官阶。春秋时楚国始置少师，历代沿用，与少傅、少保合称“三少”，是王子的年轻侍卫。

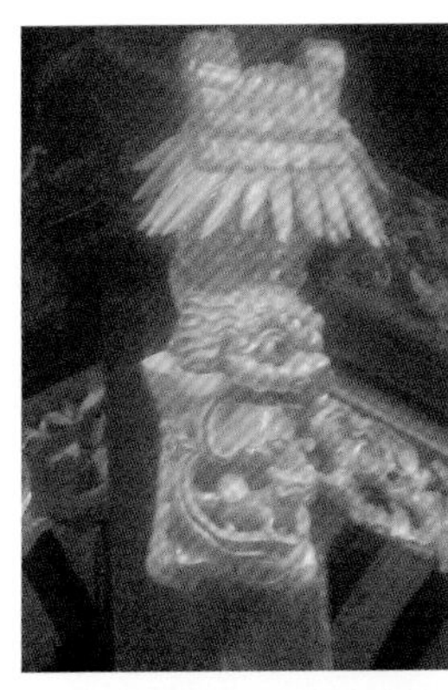

图 2-61　狮子（拙政园）
图 2-62　狮子（狮子林）
图 2-63　狮子（拙政园）
图 2-64　狮子（留园）
图 2-65　太师少师（狮子林）

图2-61	图2-62	图2-63
图2-64		图2-65

三、鹿

鹿是鹿科动物的通称。四肢细长，尾巴短，头上有角；毛大多是褐色，有的有花斑或条纹，听觉和嗅觉都很灵敏。

鹿是善灵之兽，具有互不疑忌、和睦友爱的仁德。所以《诗经》中以“鹿鸣”为宴会宾客之乐。《易林》：“鹿食山草，不思邑里。”鹿幽居山林，逐食良草，恬淡、清净，安于自然，与古代的幽人隐士精神相契，因此古人常以“麋鹿之情”

比喻隐逸之情。鹿在民俗文化中广泛地作为长寿的瑞兽，葛洪《抱朴子·玉策篇》："鹿寿千岁，与仙为伴。"传说千年为苍鹿，又五百年化为白鹿，又五百年化为玄鹿。在道教中，鹿是仙人的坐骑。古代传说中，仙人多乘鹿，故鹿又被称为仙兽，传说鹿与鹤一起卫护灵芝仙草。

鹿繁殖众多又喜成群出没，有繁盛兴旺之意。鹿又与三吉星福、禄、寿中的"禄"字同音，表示福气或俸禄的意思。

木雕有双鹿图（图 2-66），也有十鹿图（图 2-67），"十鹿"与"食禄"谐音，象征出仕做官；喜鹊和鹿组成的"鹊鹿同春"图（图 2-68）；松柏与鹿组成"百禄同春"图（图 2-69、图 2-70），还有"鹿吐祥云"图等（图 2-71）。

图 2-66
双鹿图（拙政园）

图 2-67
十鹿图（怡园）

图 2-68
鹊鹿同春（留园）

图 2-69
百禄同春（留园）

图 2-70
百禄同春（留园）

图 2-71
鹿吐祥云（留园）

四、马

《易经》："乾为马"，马是刚健、热烈、高昂、发达的象征。它雄姿矫健、奔腾向上、神采俊逸，古有天马、龙马之称，成为中华民族精神的象征。

相传周穆王有八匹骏马，他驾驭八龙之骏巡行天下，功勋卓著。八骏之名，以毛色名，为"赤骥、盗骊、白义、逾轮、山子、渠黄、骅骝、绿耳"[①]。以行迹而名，分别为：绝地，足不践土，脚不落地，可以腾空而飞；翻羽，跑得比飞鸟还快；奔霄，夜行万里；超影，逐日而行；逾辉，毛色炳耀，光芒四射；超光，一行十影；腾雾，乘云而奔；挟翼，身有肉翅，像大鹏一样展翅翱翔九万里。[②] 网师园濯缨水阁上将"八骏"刻于

①《穆天子传》。

②《拾遗记》。

一幅画面中（图 2-72）。周穆王的“八骏”其实比喻着他的人才集团才华卓越，本领非凡，各自用特殊的能力在共同辅助周天子的天下大业。

在这幅八骏图中，八匹马各显身手，或飞奔，或两马戏耍，或滚地撒欢，或回首舔蹄，或悠闲觅食，可谓活泼多姿。

留园将“八骏”分雕在林泉耆硕之馆的落地长窗裙板上（图 2-73 ~ 图 2-80）。

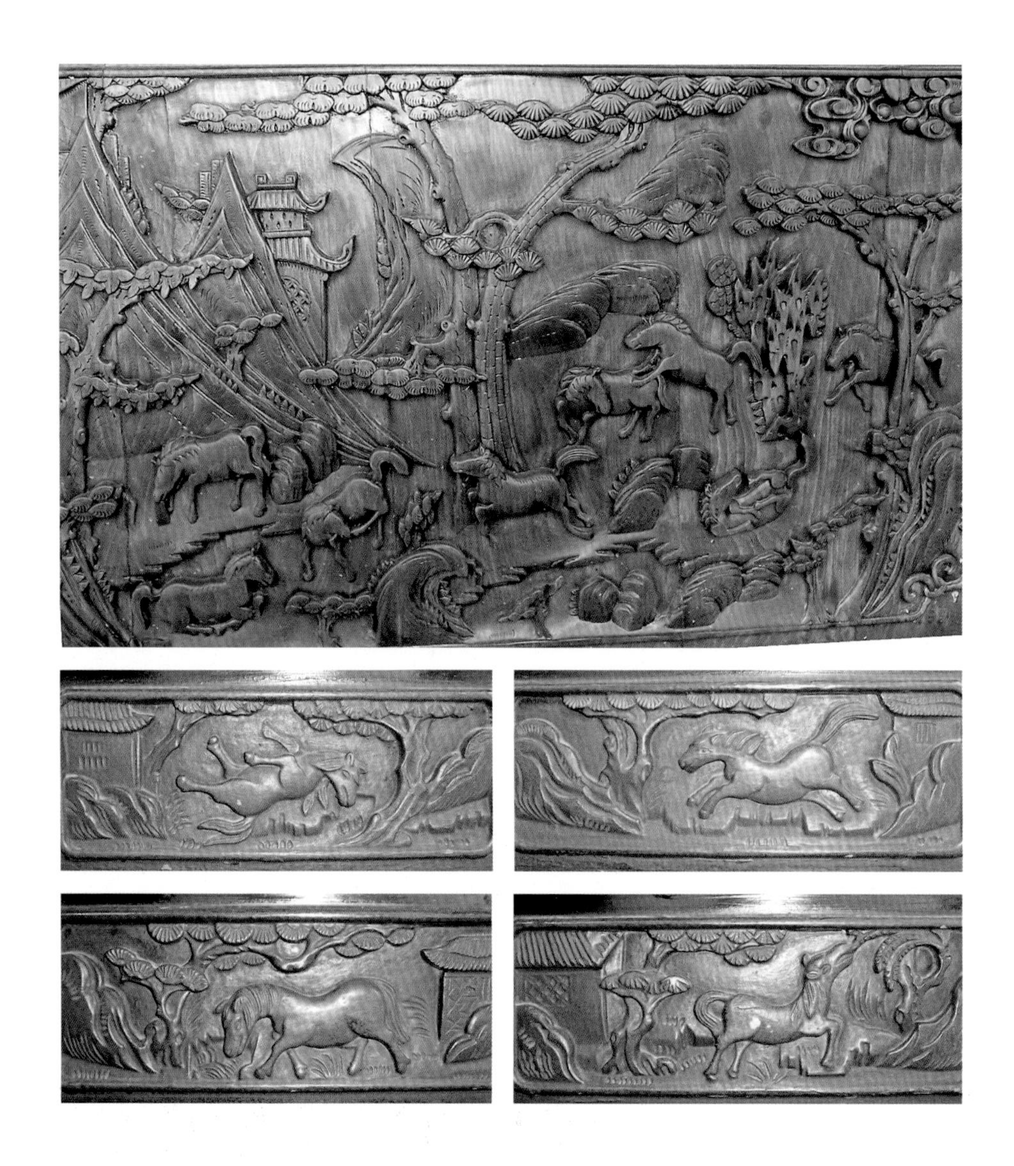

图 2-72　八骏图（网师园）　图 2-73　马（留园）
图 2-74　马（留园）　图 2-75　马（留园）
图 2-76　马（留园）

图 2-72	
图 2-73	图 2-74
图 2-75	图 2-76

图 2-77 马（留园） 图 2-78 马（留园）
图 2-79 马（留园） 图 2-80 马（留园）

图 2-77 | 图 2-78
图 2-79 | 图 2-80

五、猴

猴与马、蜂窝、枫树、印绶等组合，运用“蜂”“枫”与“封”“猴”与“侯”谐音和隐喻等手法，寓“马上封侯（挂印）”之意。木雕图案中一只猴子站在马背上，一手举着蜂窝（图 2-81）；大猴抬头看着小猴，小猴捧着蜂巢（图 2-82）；一马站在树旁，猴子牵着马（图 2-83），均为“马上封侯”之意；小猴爬上枫树摘印，喻“封侯挂印”（图 2-84）；三只猴子捧着大寿桃，枫树上挂着印绶，取“封侯挂印有寿”之意（图 2-85）；猴子左手捧着寿桃，右手摘桃，喻“有侯有寿”（图 2-86）；小猴骑在大猴背上，取“辈辈封侯”之意（图 2-87）。

图 2-81 马上封侯（耦园）

图 2-82 马上封侯（留园）

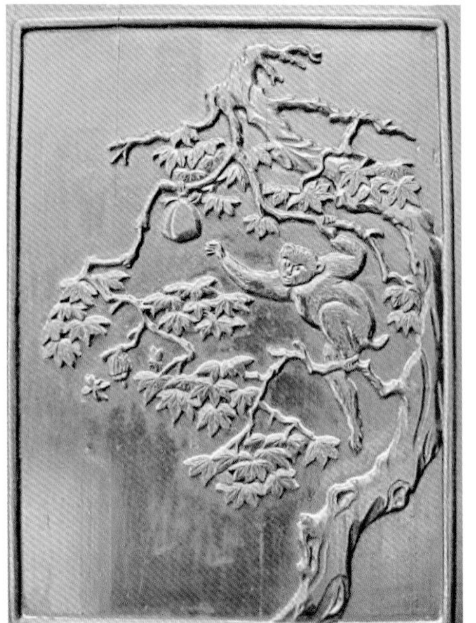

图 2-83　马上封侯（狮子林）　图 2-84　封候挂印（严家花园）
图 2-85　封侯挂印、摘寿（留园）　图 2-86　封侯摘寿（留园）
图 2-87　辈辈封侯（严家花园）

图 2-83	图 2-84
图 2-85	
图 2-86	图 2-87

六、羊

“羊”与“祥”古音、字都通，《易经》：“变化云为吉事有羊。”古人认为羊为吉祥瑞兽；又幼羊吮吸母奶必跪膝，以报母恩，所以人称羊为孝兽。传说周夷王时，有五仙骑口衔禾穗的五色羊降落交州（广州），赠穗与州人，交州永无饥荒，五仙隐去，五羊化为五石留在交州，后广州五仙观塑有五仙五羊像，以五羊为谷神奉祀。

以松树、三只羊和太阳组成“三阳开泰”：羊、古同“祥”字，寓意吉祥；“松”，四季常青，象征长寿；“羊”古同“祥”字，寓意吉祥；三羊喻“三阳”。《周易》以正月为泰卦，泰卦，乾上坤下，天地交而万物通。三阳生于下，三阳，卦爻之初九、九二、九三，阳气盛极而阴衰微也，开泰即启开的意思。《宋史·东志》“三阳交泰，日新惟良”[1]，天地和合生育万物，上下和合。“三阳开泰”，喻祛尽邪佞，吉祥好运接踵而来（图 2-88）。或以三羊、竹、梅组成“三阳开泰”，“竹”与“祝”谐音，有祝福之意；“梅”与“眉”谐音，喻“喜上眉梢”（图 2-89）。图 2-90 三羊旁点缀着寿桃、古钱、荷花、画轴等吉祥物，增加长寿、和美、辟邪等寓意。

①《宋史·乐志七·绍兴以来祀感生帝》。

图 2-88　三阳开泰（严家花园）

图 2-89　三阳开泰（狮子林）

图 2-90　三阳开泰（听枫园）

七、象

象，哺乳动物，体高约三米，鼻长筒形能蜷曲，门齿发达，体大力壮，性情温顺，行为端正。象寿命可达 60～70 年，被人看作瑞兽，为吉祥长寿象征。传说古代圣王舜曾驯象犁地耕田；又相传象为摇光之星散开而生成，能兆灵瑞，只有在人君自养有节时，灵象才出现。大象知恩必报，与人一样有羞耻感，常负重远行，被称为“兽中有德者”。据传，佛祖从天上下降时是骑着六牙白象。

瑞兽白象和宝瓶组合，喻“太平有象”（图 2–91）。宝瓶，传说观世音的净水瓶，亦叫观音瓶，内盛圣水，滴洒能得祥瑞。太平，谓时世安宁和平。《汉书・王莽传上》：“天下太平，五谷成熟。”又指连年丰收。《汉书・食货志上》：“进业曰登，再登曰平……三登曰太平。”大象身上放一盆万年青，万年青又名千年蒀，多年生草本植物，叶肥果红，民俗以为吉祥，兼含万象更新、太平有象之意（图 2–92）；象字又兼有景象的涵义，喻和平美好的太平景象，形容河清海晏、民康物阜（图 2–93）；手持福字或如意、莲花、笙等物件的童子骑在象上，“骑”与“吉”谐音，“象”与“祥”谐音，寓连年吉祥如意、富贵高升之意（图 2–94、图 2–95）。

图 2–91　太平有象（听枫园）
图 2–92　太平有象（留园）
图 2–93　万象更新（狮子林）
图 2–94　吉祥如意（陈御史花园）
图 2–95　吉祥如意（严家花园）

图2–91	图2–92	
图2–93	图2–94	图2–95

八、獾

獾，哺乳动物，又称猪獾。头尖、吻长，体毛灰色。“獾”与“欢”谐音。

两獾相遇，欢喜相逢（图 2–96、图 2–97）；獾和喜鹊组成图案，喻“欢天喜地”（图 2–98）；两獾嬉戏打闹，有欢欢喜喜、高兴非常的寓意（图 2–99）。

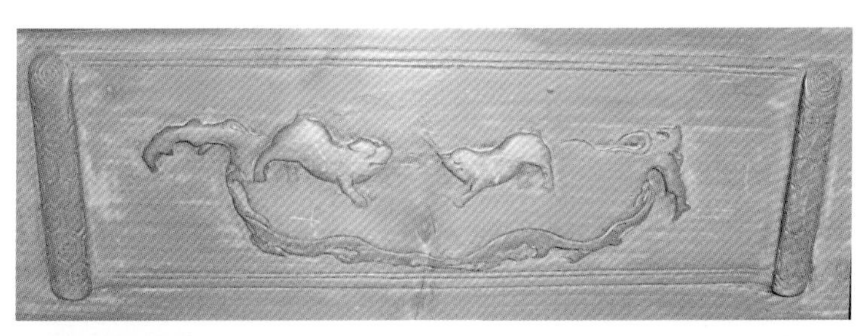

图 2–96
欢喜相逢（留园）

图 2–97
欢喜相逢（留园）

图 2–98
欢天喜地（耦园）

图 2–99
双獾嬉戏（狮子林）

九、虎

虎，哺乳动物，是体形最大的猫科动物；毛黄褐色，有黑色横纹。性凶猛，力大。《易·乾》：“云从龙，风从虎。”应劭《风俗通·祀典·桃梗苇茭画虎》：“虎者阳物，百兽之长也，能执搏挫锐，噬食鬼魅。”民间称“虎吃五毒”，为辟邪之物；“虎”音近“福”，民间视为“福”。虎是勇敢与力量的象征，人们称威武勇猛的战士为“虎士”，其将领称“虎将”。号称百兽之王的虎，喻勇猛向前，虎虎有生气。猛虎一吼，威震山河（图 2–100）。

图 2–100
威震山河（狮子林）

第三节

祥禽木雕

一、喜鹊

鹊，其声清亮，旧时民间传说鹊能报喜，故称喜鹊。《淮南子·氾论训》：“乾鹊知来而不知往。”高诱注：“乾鹄，鹊也，人将有来事忧喜之徵，则鸣。”喜鹊又是义鸟，曾搭鹊桥让牛郎织女越过天河相会。古人以喜鹊为“喜”的象征，《开元天宝遗事》：“时人之家，闻喜鹊皆以为喜兆，故谓喜鹊报喜。”《禽经》：“灵鹊兆喜。”

喜鹊和梅花组合，“梅”与“眉”谐音，即喜上眉梢。有的加上寿石和竹子、天竺，竹与“祝”谐音，有祝福节节高升之意（图 2–101、图 2–102）；喜鹊登上梅花枝上，梅花树下有葱绿的水仙，有群仙祝福、喜上眉梢之意（图 2–103）。

图 2–104 是拙政园留听阁黄杨木所雕松、竹、梅、喜鹊组合的“喜上眉梢”飞罩；图 2–105、图 2–106 是飞罩部分特写，正面上方有四喜鹊登梅相向而鸣，寓“喜上眉梢”之意；松枝苍古、松针细密，簇叶呈叠圆形（笠形），为标准的“乾隆圆”，竹枝挺拔潇洒，梅呈五福。图 2–107 是网师园梯云室内精美的落地罩；图

图 2-101 | 图 2-102
图 2-103

图 2-101
喜上眉梢（狮子林）

图 2-102
祝福喜庆，节节高升（狮子林）

图 2-103
天仙祝福喜庆（狮子林）

2-108、图 2-109 分别是落地罩局部特写。整个落地罩由盘曲遒劲的梅花枝组成，喜鹊登在花枝间鸣叫，空隙处还点缀着厌胜钱和盘长，喻喜上眉梢、幸福绵长。图 2-110、图 2-111 喜鹊飞向梧桐或登上梧桐树，寓同喜同乐、双喜临门等意；图 2-112 喜鹊与荷花、竹笋组合，“笋”与“生”谐音，喻连生贵子；图 2-113 喜鹊登梅，辅以题句“为爱梅花香，终宵不肯眠”，将喜鹊写得含情脉脉，很有人情味。

喜鹊与三颗圆形果实相组合，喻“喜中三元”。古代的科举考试要经过层层选拔，如明清时期，科举分乡试、会试、殿试三级。乡试第一名的“举人”被称为“解元”（“解”的读音为“借”），“解元”之名起源于唐代，因举进士者皆由地方解送入京考试；“元”为“第一”之意；举人进京“会试”，“会试”第一名称为“会元”。通过“会试”的考生，还要参加最高级别的由皇帝亲自主持的“殿试”。“殿试”一甲（也就是第一等）只录取三人，依次为“状元”“榜眼”和“探花”。喜中三元者指在乡、会、殿三试中连续获得第一名，乃科举考试的最高荣誉，是对仕途顺利畅达的祝颂语（图 2-114）。

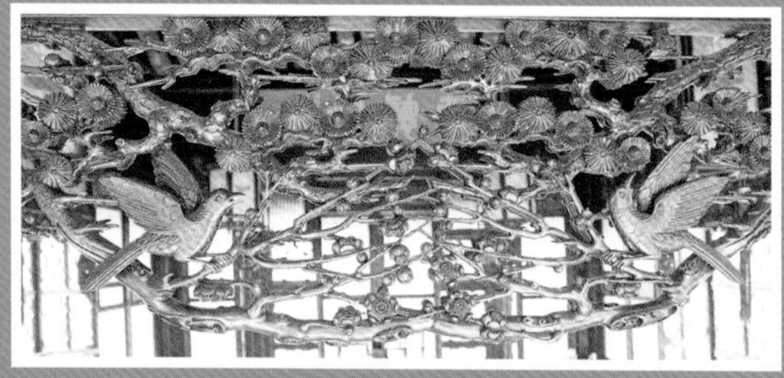

图 2-104	
图 2-105	图 2-106
图 2-107	
图 2-108	图 2-109

图 2-104
喜上眉梢飞罩全图（拙政园）

图 2-105
喜上眉梢飞罩正面特写（拙政园）

图 2-106
喜上眉梢飞罩侧面特写（拙政园）

图 2-107
喜上眉梢落地罩全景（网师园）

图 2-108
喜上眉梢落地罩局部特写（网师园）

图 2-109
喜上眉梢落地罩局部特写（网师园）

图2-110
同喜（留园）

图2-111
同喜（留园）

图2-112
喜生贵子（沧浪亭）

图2-113
因爱梅花香　终宵不肯眠（严家花园）

图2-114
喜中三元（严家花园）

二、鸳鸯

鸳鸯是一种小型野鸭，素以“世界上最美丽的水禽”著称于世。鸳鸯往往是“止则相耦，飞则成双”，故又称之为匹鸟。古人最早把鸳鸯比作兄弟，有“昔为鸳和鸯，今为参与商”等诗句，为兄弟之间的赠别诗。后来用以象征情侣和忠贞不二的爱情。图 2–115 是狮子林中乾隆题字的真趣亭上的图案，鸳鸯亲密相随，上有竹子和牡丹花，背景衬古钱纹，围以牡丹花纹、蔓草纹，象征夫妻恩爱，富贵绵绵。鸳鸯戏荷（莲），成为比喻夫妻和谐幸福的吉祥画面（图 2–116 ~ 图 2–119）。

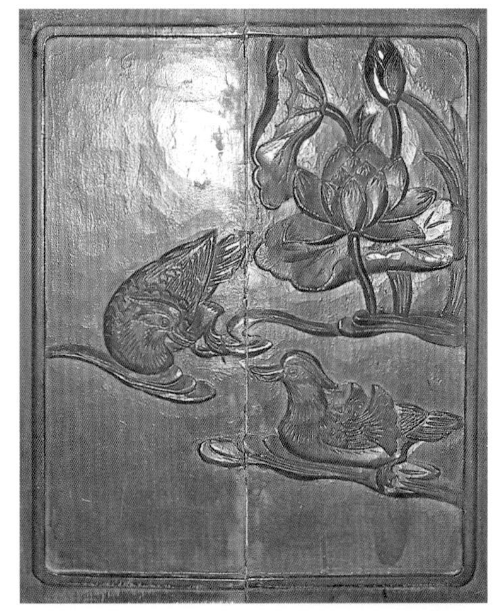

图 2–115 | 图 2–116
图 2–117
图 2–118

图 2–115
鸳鸯戏荷（狮子林）

图 2–116
鸳鸯戏荷（春在楼）

图 2–117
鸳鸯戏荷（狮子林）

图 2–118
鸳鸯戏荷（留园）

图 2-119
鸳鸯戏水（全晋会馆）

三、鸡

图 2-120　功名富贵（榜眼府邸）

图 2-121　相向功名（严家花园）

图 2-122　五子登科（榜眼府邸）

图 2-123　五子登科（严家花园）

公鸡，神话传说为九天玄女所变，一到卯时即啼鸣，报太阳东升，照耀天下，使人类摆脱幽冥世界，为报晓之物、阳明之神。“鸡”与“吉”谐音，“大鸡”谐音“大吉”。雄鸡鸡冠高耸、火红，“冠”与“官”谐音，喻指飞黄腾达、升官发财的标志，所以，古人视鸡为吉祥物，是辟邪祈福、英雄武勇的象征。公鸡鸣叫谐音“功名”，与牡丹花组合，喻功名富贵（图 2-120）；两只公鸡昂头伸颈，相对而立，好似“英雄斗志”（图 2-121）；大公鸡带领五只小鸡守在鸡窠，“窠”与“科”谐音，喻“五子登科”。典出《宋史·窦仪传》：“窦禹钧五子，仪、俨、侃、偁、僖相继登科。”窦禹钧品学出众，家教甚严，为人仗义方正，捐资兴办义塾，礼聘名师执教，造就不少人才，其五子皆金榜题名（图 2-122、图 2-123）。

四、白头翁

白头翁，常见群栖性鸟。其背呈橄榄绿，胸部浅灰褐色，脸颊到额纯黑且有光泽；头顶一块白羽，好似白发老人，故称白头翁。白头翁与牡丹花组图或附以天竺，寓意祝福夫妇白头到老、富贵吉祥、节节高升（图 2-124、图 2-125）。

图 2-124
白头富贵（狮子林）

图 2-125
白头富贵（狮子林）

五、仙鹤

鹤为“羽族之长”，是鸟类家族的寿禽，因而鹤又成为长寿的象征。《淮南子·说林训》云：“鹤寿千岁，以极其游。”道教故事中有羽化后登仙化鹤的典故，因而人们常用鹤作为祈祝长寿之词。鹤翱翔在祥云之间，给人羽化仙去的感觉（图 2-126）；鹤为纯情之鸟，鹤鸣九皋以求偶，一旦“婚配”，便出双入对，“生成云水性，双双归来迟”（图 2-127），象征夫妻恩爱；鹤与荷花组图，寓和睦延年之意（图 2-128）。

图 2-126
云鹤献瑞（艺圃）

图2-127 | 图2-128

图2-127
和睦延年（嚴家花園）

图2-128
松鹤延年（严家花园）

松为百木之长，人们常用“寿比南山不老松”来祝福人长寿。虽然涉禽水鸟的鹤，几乎不可能出现在松树下，更不会栖息在松枝上，但因两者均具有长寿的特性，常常将松、鹤组合成图（图2-129、图2-130），寓意松鹤延年、松鹤同春、松龄鹤寿等诸意。

图2-129 | 图2-130

图2-129
松鹤延年（狮子林）

图2-130
松鹤延年（耦园）

六、鹰

“神鹰梦泽，不顾鸱鸢，为君一击，鹏抟九天”[1]，鹰雄健敏捷，“鹰”与“英”谐音，雄鹰单脚独立，喻英雄独步天下，驰骋江山。凶悍、勇猛的鹰独立大海中孤岛之上，象征“英雄独立”（图2-131）。雄鹰敛翅栖息在寿石之上，寓“英雄有寿”之意（图2-132）。

① 唐李白：《独漉篇》，《李太白全集》卷四，中华书局1977年版。

图 2-131 | 图 2-132

图 2-131
英雄独立（严家花园）

图 2-132
英雄有寿（严家花园）

七、绶带鸟

绶带鸟亦称寿带鸟，又名练鹊鸟。雄鸟体长连尾羽约 30 厘米，雌鸟较雄鸟短小。其头、颈和羽冠均具深蓝辉光，身体其余部分白色而具黑色羽干纹，中央两根尾羽长达身体的四五倍，形似绶带，故名。绶带是古代用以系官印等物的丝带，绶带的颜色常用以标志不同的身份与等级。唐玄宗《千秋节赐群臣镜》诗："更衔长绶带，留意感人深。"绶带有做官之吉兆，"绶"与"寿"谐音，所以绶带鸟常入吉祥图案。绶带鸟登上山茶花枝头，山茶花盛开，象征春意融融，春光常在（图 2-133）；绶带鸟站在寿石上对空长鸣，画面题词"长鸣因惊露，岂为九天闻"喻名声远扬（图 2-134）。

图 2-133 | 图 2-134

图 2-133 春光长寿
（严家花园）

图 2-134 寿名远扬
（严家花园）

八、鹦鹉

全世界有三百多种鹦鹉，大多有色彩绚丽、美丽无比的羽毛，音域高亢，长着独具特色的钩喙，鹦鹉聪明伶俐，善于学习，是鸟类中的表演艺术家。“鹦鹉学舌”指其能效仿人言，虽然这仅是一种条件反射、机械模仿的“效鸣”，但给人类带来了诸多乐趣，称它为“性慧情通”（图 2–135）。

图 2–135 性慧情通（严家花园）

第四节

虫鱼木雕

一、蜘蛛（喜蛛）

喜蛛，是节肢类动物，尾部分泌黏液能凝成细丝，并织成网状来捕食昆虫。这种其他动物不具备的自然之巧，让它充满神秘色彩。传说中伏羲发明网罟和八卦，就是受蜘蛛织网的启发。《初学记》卷四引《荆楚岁时记》，“七夕，妇人……陈瓜果于庭中以乞巧，有喜子网于瓜上，则以为符应。”陆玑《诗疏》载：“（喜子）一名长脚，荆州河内人谓之喜母，此虫来著人衣，当有亲客至，有喜也。”《西京杂记》：“蜘蛛集而百事喜。”人们用蜘蛛（喜蛛）比喻吉祥，喜蛛脱巢而降，象征喜从天降（图 2–136）。

二、虾

图 2–136 喜从天降（严家花园）

图 2–137 披坚执锐（严家花园）

虾是甲壳纲十足目水中生物，头部有触角、大颚、小颚等附肢五对，胸部有颚足、步足等附肢八对，腹部有游泳足、尾肢尾节等附肢六对，能弯曲自如，体表有透明软壳，在水中，善跳跃，捕食小虫。常用来比喻时来运转，事事如意。

宋傅肱《蟹谱》：“吴俗有虾荒蟹乱之语，盖取其披坚执锐，岁或暴至，则乡人用以为兵证也。”图 2–137 为上下两虾相对，指代披坚执锐、凶邪不入，处世伸屈自如，喻百事如意。虾与“暇”谐音，象征有闲暇。

第三章

历史人物传说木雕

苏州有崇文重教的优良传统。苏州园林建筑木雕中，常将历史传说故事作为重要题材，其中包涵文人风雅韵事、历史传说，以及早慧少年传奇故事和传统道德故事，反映了吴地的文化风尚。

第一节

文人风雅韵事木雕

一、王羲之爱鹅

“书肇自然”，书法家摄取人或自然的某种形态化入字体之中，纵横有象，方能得其本。晋书圣王羲之“观鹅以取其势，落笔以摩其形”，从鹅的优雅形姿上悟出了书法之道：执笔时食指须如鹅头昂扬微曲，运笔时要像鹅掌拨水，方能使精神贯注于笔端。王羲之模仿鹅的形态，挥毫转腕，所写的字雄厚飘逸，刚中带柔，既像飞龙又似卧虎。

一次王羲之外出访友，路见一群白鹅正在戏水追逐，心中大喜（图3–1～图3–3），便想买下带回。

图3–1 | 图3–2

图3–1
王羲之爱鹅（狮子林）

图3–2
王羲之爱鹅（严家花园）

图 3-3
王羲之爱鹅
（留园）

白鹅的主人是位道士，十分仰慕王羲之的字，因请王羲之抄写一份《黄庭经》来换。王羲之果然抄写好《黄庭经》，换来道士的一群白鹅，成就了“神鹅易字”的佳话。如唐李白诗所云：“右军本清真，潇洒出风尘。山阴过羽客，爱此好鹅宾。扫素写道经，笔精妙入神。书罢笼鹅去，何曾别主人。”[①]

二、陶渊明爱菊

晋陶渊明，浔阳（今九江）人。曾任江州祭酒，镇军参军，彭泽令等。因不满当时社会现实去职归隐，被称为古今隐逸诗人之祖。

菊花是中国传统名花。菊花不仅有飘逸的清雅、华润多姿的外观，幽幽袭人的清香，而且具有“擢颖凌寒飙”“秋霜不改条”的内质，其风姿神采，成为温文尔雅的中华民族精神的象征。

陶渊明爱菊，“采菊东篱下，悠然见南山”，成为陶渊明的形象特征。“一从陶令平章后，千古高风说到今”[②]。因此，菊花有“陶菊”之雅称，象征着陶渊明不为五斗米折腰的傲岸骨气。东篱成为菊花圃的代称。陶渊明与陶菊成为印在人们心灵的美的意象。图 3-4 陶渊明和小童欣赏秋菊；图 3-5 中的小童扛着菊花篮，陶渊明拄杖行于菊花边上。

图 3-6 画面上茂松一棵，盆菊数盆，两小童犹勤奋忙碌中；一翁倚松怡然自得，寓意为“松菊犹存”，出自东晋陶渊明《归去来辞》：“三径就荒，松菊犹存。”“松菊犹存”亦叫“松菊延年”，意谓松菊独立凌冰霜，独吐幽芳，高情守幽贞，喻指人生虽坎坷，仍自保其高尚品格，也泛指健康长寿。

① 唐李白：《王右军》，《全唐诗》卷一百八十一。

② 明俞大猷《秋日山行》。

图 3-4
陶渊明爱菊
（留园）

图 3-5　陶渊明爱菊（陈御史花园）

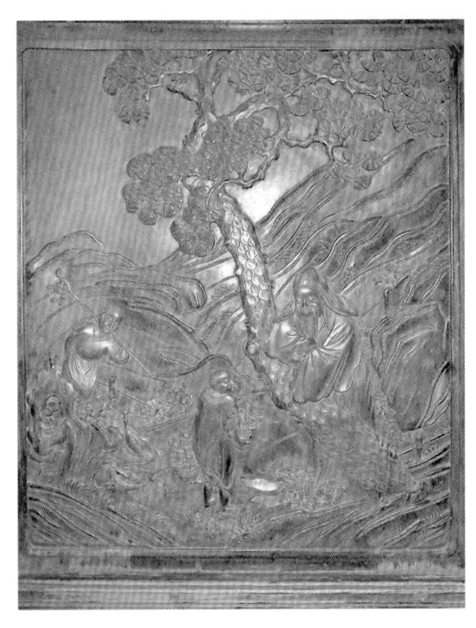

图 3-6　松菊犹存（狮子林）

三、诗仙李白

1. 高力士脱靴

唐代诗仙李白抱着政治幻想当了翰林院待诏。唐玄宗李隆基与宠妃杨玉环在沉香亭赏花，召李白吟诗助兴，李白即席写就《清平调》三首。李隆基大喜，赐饮。李白借酒让高力士为他脱靴。高力士身为大太监，天子称之为兄，诸王称他为翁，驸马、宰相还要叫他一声公公，何等神气！为报脱靴之辱，借《清平调》中“可怜飞燕倚新妆”所用赵飞燕一典，说此句暗喻杨贵妃（赵飞燕因貌美受宠于汉成帝，立为皇后，后因淫乱后宫被废为庶人而自杀）。李白因此罢官而去，其政治幻想彻底破灭。后来文人用“高力士脱靴”来形容文人任性饮酒，不畏权贵，不受拘束。图中高力士脱靴，杨贵妃捧砚，李白醉态可掬，可谓栩栩如生（图 3-7）。

图 3-7　高力士为李白脱靴（陈御史花园）

2. 竹溪六逸

李白“醉酒戏权贵”后，浪迹江湖、终日沉饮，人称“醉圣”。开元二十五年（公元 737 年），李白到山东客居任城时，与鲁中诸生孔巢父、韩准、裴政、张叔明、陶沔在徂徕山日日酣歌纵酒，时号“竹溪六逸”（图 3–8）。

世人仰慕他们，尽管总觉得他们有些狂妄而不可狎近。他们寄情于山水林泉，柴门蓬户，兰蕙参差；他们性之所至，高风绝尘，狂放不羁，那是一种悠然自得的文化态度，更是一种理想而浪漫的生存方式。

图 3–8 竹溪六逸（狮子林）

3. 李白醉酒

李白性情旷达，嗜酒成癖，史载其“每醉为文章，未少差错，与不醉之人相对议事，皆不出其所见”。杜甫在《饮中八仙歌》中称他：“李白斗酒诗百篇，长安市上酒家眠。天子呼来不上船，自称臣是酒中仙。”图 3–9 李白身边置一大酒坛，其豪饮和醉态表现得淋漓尽致；图 3–10 李白举杯似在邀风月同饮；图 3–11 诗仙李白喝得烂醉，扶着小童的肩膀回屋休息。

图 3–9 李白醉酒（忠王府）

图 3–10 李白醉饮（忠王府）

图 3–11 李白醉酒（陈御史花园）

4. 李白与杜甫

李白和杜甫被誉为中国诗歌史灿烂星空中的双子星座。他们生活在唐朝由全盛到逐步衰退的时期，坎坷的生涯和颠沛流离的生活，使他们同病相怜。天宝三年（公元744年），李白离开朝廷，与杜甫在洛阳相见。尔后同往开封、商丘游历，次年他们又同游山东，“醉眠秋共被，携手日同行”，情同手足。李白比杜甫年长十一岁，但对杜甫非常敬重。杜甫盼望与李白“何时一樽酒，重与细论文”。图中日已西沉，两人却“论文”正酣（图3-12）。

图3-12
重与细论文（忠王府）

四、周敦颐爱莲

清张潮称“莲以濂溪为知己”[1]，指的是以“濂溪自号”的宋理学家周敦颐，酷爱雅丽端庄、冰清玉洁的莲花，曾筑室庐山莲花峰下小溪边。又在府署东侧挖池种莲，名为爱莲池；池宽十余丈，中间有一石台，台上有六角亭，两侧有“之”字桥。盛夏，周敦颐常漫步池畔，欣赏着缕缕清香、随风飘逸的莲花（图3-13～图3-18），口诵《爱莲说》。

图3-13 周敦颐爱莲（狮子林）

① 清张潮：《幽梦影·六论处世交友》。

图3-14
周敦颐爱莲（留园）

图3-15 周敦颐爱莲（忠王府） 图3-16 周敦颐爱莲（陈御史花园）
图3-17 周敦颐爱莲（陈御史花园） 图3-18 周敦颐爱莲（陈御史花园）

图3-15	图3-16	图3-17
图3-18		

五、倪云林洗桐

梧桐，又名青桐；青，清也澄也，与心境澄澈、一无尘俗气的名士的人格精神相通。元四家之一的画家倪云林，淡泊名利，孤高自许，人称倪高士。他一生不愿为官，“屏虑释累，黄冠野服，浮游湖山间”。据明人王锜《寓圃杂记·云林遗事》记载：“倪云林洁病，自古所无。晚年避地光福徐氏……云林归，徐往谒，慕其清秘阁，恳之得入。偶出一唾，云林命仆绕阁觅其唾处，不得，因自觅，得于桐树之根，遽命扛水洗其树不已。徐大惭而出。”自此，洗桐成为文人洁身自好的象征（图3-19～图3-21）。

图3-19 倪云林洗桐（狮子林） 图3-20 倪云林洗桐（留园）

图 3-21 倪云林洗桐（留园）

六、林和靖梅妻鹤子

1. 林和靖放鹤

林和靖，宋代著名隐逸诗人，隐居杭州西湖孤山植梅养鹤，人称他“梅妻鹤子”。相传林和靖从家乡奉化带去两鹤，经他驯化，均善解人意。林和靖纵之飞入云霄，盘旋于西湖山水之间，尔后复归笼中，林和靖爱之逾珍宝。双鹤还会报信，林和靖常泛舟游西湖诸寺院，家中每有客至，小童延客小坐，随即开笼纵鹤。在西湖游览的林和靖见家鹤飞翔，便知有客来访，即乘小舟而归（图 3-22、图 3-23）。

图 3-22 林和靖放鹤（留园）

图 3-23 林和靖放鹤（忠王府）

2．林和靖爱梅

林和靖植梅孤山，足不及城市近二十年。并有咏梅绝唱《山园小梅》诗，尤其是“疏影横斜水清浅，暗香浮动月黄昏”两句，写尽了梅花的风韵（图 3-24～图 3-26）。

图 3-24　林和靖爱梅（忠王府）
图 3-25　林和靖爱梅（陈御史花园）
图 3-26　林和靖爱梅（留园）

图 3-24 | 图 3-25
图 3-26

七、苏轼雅玩

1. 苏轼植梅

“一肚皮不合时宜”的宋代大文学家苏轼，酷爱梅花。因为梅花也是“尚余孤瘦雪霜枝”“寒心未肯随春态”[1]，梅的品格和苏轼的人格太相似。苏轼爱梅花，写有数十首咏梅诗词。苏轼脍炙人口的咏梅佳作均能写其韵，赞其格。他赞白梅“洗尽铅华见雪肌，要将真色斗生枝”，冰清玉洁；赞红梅“酒晕无端上玉肌”，撩人之心。苏轼赏梅，独赏其清韵高格。

赏梅人也植梅，苏轼曾手植宋梅。图 3–27 为苏轼在植梅、浇水。

2. 苏轼夜游赤壁

根据苏轼著名的《赤壁赋》，雕刻出“苏轼夜游赤壁”的画面（图 3–28、图 3–29）。赋中描写的就是本图的意境：“壬戌之秋，七月既望，苏子与客泛舟游于赤壁之下。清风徐来，水波不兴。举酒属客，诵明月之诗，歌窈窕之章。少焉，月出于东山之上，徘徊于斗牛之间。白露横江，水光接天。纵一苇之所如，凌万顷之茫然。浩浩乎如冯虚御风，而不知其所止；飘飘

① 苏轼：《红梅三首》。

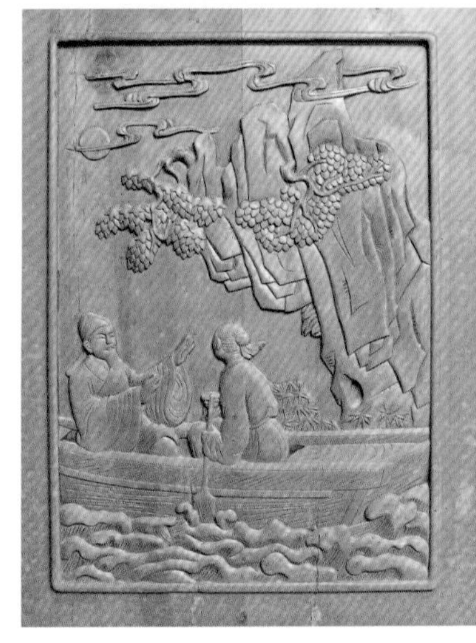

图 3–27
图 3–28 | 图 3–29

图 3–27
苏轼植梅（留园）

图 3–28
苏轼夜游赤壁（忠王府）

图 3–29
苏轼夜游赤壁（陈御史花园）

乎如遗世独立，羽化而登仙。”

3．苏轼玩砚

文房四宝之一的砚，为文人所珍爱。苏轼平生爱玩砚，对砚颇有研究，自称平生以“字画为业，砚为田”。曾在徽州获歙砚，称之为涩不留笔，滑不拒墨；对龙尾砚也情有所钟，写有《眉子砚歌》《张几仲有龙尾子砚以铜剑易之》《龙尾石砚寄犹子远》等。（图 3-30、图 3-31）

图 3-30 苏轼玩砚（陈御史花园）

图 3-31 苏轼玩砚（忠王府）

八、米芾拜石

宋书画家米芾，爱石成癖。据《梁溪漫志》等笔记记载，米芾在担任无为军守的时候，见一奇石，大喜过望。特令人给石头穿上衣服，摆上香案，自己则恭恭敬敬地对石头一拜至地，口称“石兄”“石丈”，被时人传为美谈（图 3-32）。

图 3-32 米芾拜石（陈御史花园）

第二节

历史人物传说木雕

一、伯夷叔齐采薇

《史记·伯夷列传》记载，伯夷、叔齐商代末年孤竹国君的两年儿子，因互让王位而出逃。听说西伯侯姬昌尊老敬老，他们相携投奔。行至中途，姬昌已死，武王车载西伯昌雕像率大军征讨纣王，二人马头劝谏："父死不葬，爰及干戈，可谓孝乎？以臣弑君，可谓仁乎？"武王大怒，幸得姜子牙劝说，二人侥幸免于一死。劝阻不成，二人继续西行，直至甘肃境内首阳山。当时周武王已夺得天下，四海归顺。二人誓不食周粟，在山间采薇而食，直至饿死（图3–33、图3–34）。有《采薇歌》曰："登彼西山兮，采其薇兮。以暴易暴兮，不知其非矣。神农虞夏忽焉没兮，我安适归矣？于嗟徂兮，命之衰矣！"

图3–33　伯夷叔齐采薇（忠王府）

图3–34　伯夷叔齐隐居首阳山（忠王府）

二、许由洗耳

皇甫谧《高士传》中说，尧曾想让天下给许由，许由告知巢父。巢父曰："汝何不隐汝形，藏汝光，若非吾友也。"许由怅然不自得，曰："向闻贪言，负吾友矣。"认为尧的话污了他的耳朵，边到颍水边去掬水洗耳。巢父正牵着一条小牛来给它饮水，怕许由洗过耳的水玷污了小牛的嘴，牵起小牛径自走向水流的上游去了。许由遂往箕山，农耕而食，世人视之为不慕荣利的高洁之人（图3–35）。

三、高山流水遇知音

《列子·汤问》记载，春秋战国时期，楚国有个读书人姓俞，名瑞，字伯牙。此人喜欢弹琴，从小师从成连仙岛学琴，在领略了大自然的壮美神奇之后，悟出音乐的真谛，苦练后成为天下妙手。相传伯牙谱就了《水仙操》和《高山流水》两首古琴曲，琴艺炉火纯青，却始终没能找到知音。一次他奉命出使，来到汉阳江口，在荒山野岭，对着一轮仲秋之月调弦抚琴，时而雄壮高亢，时而舒畅流利。樵夫钟子期于是时而曰："善哉，峨峨乎若泰山。"时而曰："善哉！洋洋乎若江河。"伯牙叹曰："相识满天下，知心能几人。"即命童子焚香燃烛，与钟子期结为兄弟（图 3-36）。后来钟子期病故，伯牙因痛失知音，摔琴断弦，终身不操。

图 3-35 许由洗耳（陈御史花园）

图 3-36 高山流水遇知音（忠王府）

四、秦始皇拜石

相传秦始皇统一六国后，日思夜想如何使江山稳固。臣下告知按照古礼，必须到齐国最东边成山头拜日主，也就是拜太阳神。于是秦始皇便于统一全国后的第二年（公元前 220 年）去成山头拜日。当秦始皇来到成山头南部沿海时，就听地方官员说：有一块女娲补天时遗落的五色神石，颜色奇妙，日夜发光，颇为神灵；附近官商士人，有事拜求无不灵验。秦始皇一听大喜，连忙让人引路来到五彩石所在海边，一见此石果然体型巨大，天然造化，五彩缤纷，鬼斧神工，云雾中隐隐放光。于是，恭恭敬敬对五彩石礼拜起来（图 3-37）。由于心情激动，连连下拜，竟忘了统计下拜次数，待礼官扶住，不觉已拜石十五次。后来，秦朝果然延续了十五年，直到汉高祖元年（公元前 206 年）被刘邦、项羽所灭。

图 3-37 秦皇拜石（忠王府）

五、张良进履

张良，为战国韩五世相。韩灭于秦，良以家财求客刺秦王，为韩报仇。秦始皇东游，至博浪沙中，良与刺客狙击秦始皇，误中副车。失手后，良乃更名姓，逃至下邳。

传说张良步游下邳时，见一老者将其履坠于桥下，还让张良为他取履。张良为老者取履，并长跪为他穿上。老者说："孺子可教也，五天后与我在此碰面。"张良答："好。"五天后，张良如约而至，可老者已先到，生气地说："和年龄大的人有约，来得这么迟！去吧，五天后再约。"五天后，鸡一叫张良就去了，老者又已先到，生气地说："又迟到了！去吧，五天后再约。"五天后，张良半夜就前往，在老者之前到了。过一会儿老者也来了，高兴地说："理当如此。"于是拿出一本书，说："读了可为王者师。"遂离去。此书乃《太公兵法》，老者乃黄石公。后来，张良果然帮助刘邦推翻了秦朝，并当上汉丞相（图 3–38、图 3–39）。[①]

图 3–38　张良进履（忠王府）

图 3–39　张良进履（忠王府）

六、苏武牧羊

苏武奉汉武帝之命，以和平使者身份出使匈奴与之修好，但受到副使虞常参与谋反事件的牵连被扣押。这期间，苏武始终保持着大汉使臣的尊严，在匈奴首领威逼利诱下拒不归降。匈奴置其于北海无人处放牧公羊，并以公羊下崽方得归相胁迫。苏武持节牧羊十九年，"牧羊边地苦，落日归心绝。渴饮月窟冰，饥餐天上雪。"[②] 最后完节归汉，其气节与操守成为人臣表率（图 3–40、图 3–41）。

图 3–40　苏武牧羊（忠王府）

图 3–41　苏武牧羊（忠王府）

①《汉书·张良传》卷四十。

② 唐李白：《苏武》，《李白全集》卷二十。

七、山中宰相

南朝梁陶弘景隐居于句容句曲山（今江苏茅山）。梁武帝时礼聘不出，还画了一幅画：画上有两头牛，一牛徜徉水草边，安闲自在；一牛被著以金笼头。他以此画明白地告诉武帝，自己不愿意像牛一样被著以金笼头。但梁武帝对他还是“恩礼愈笃”，仍赐帛十匹，烛二十挺。后来，“国家每有吉凶征讨大事，无不前以咨询。月中常有书信，时人谓之‘山中宰相’（图 3–42、图 3–43）。”[①]

图 3–42　山中宰相（忠王府）　图 3–43　山中宰相（忠王府）

①《南史》卷六十六《隐逸下》。

八、伯乐相马

伯乐，本是个传说中天上管理马匹的神仙。汉代韩婴《韩诗外传》云：“使骥不得伯乐，安得千里之足！”唐代韩愈《杂说》曰：“世有伯乐，然后有千里马。”后来人们把精于鉴别马匹优劣的人称为伯乐。而第一个被称作伯乐的是春秋时代的孙阳。

据传，伯乐受楚王的委托，购买可日行千里的骏马。伯乐向楚王禀告：千里马为“稀世珍宝”，找起来不容易，需要到各地巡访。伯乐跑了好多国家，在盛产名马的燕赵一带仔细寻访，辛苦备至，还是没发现中意的良马。一天，伯乐从齐国返回，在路上看到一匹马拉着盐车很吃力地在陡坡上行进，累得呼呼喘气，每迈一步都十分艰难。马见到走近的伯乐，突然昂起头来瞪大眼睛大声嘶鸣，好像要对伯乐倾诉什么。伯乐立即从声音中判断出这是一匹难得的千里马。

伯乐对驾车人说：“这匹马在疆场上驰骋，任何马都比不过它；但用来拉车，它却不如普通的马。你还是把它卖给我吧。”驾车人觉得这匹马拉车没气力，吃得太多却还骨瘦如柴，毫不犹豫地同意了。

伯乐牵这匹马来到楚王宫，马抬起前蹄把地面震得咯咯作响，引颈长嘶，声音洪亮如大钟石磬，直冲云霄。经过一段时间的精心喂养，马变得精壮神武。楚王跨马扬鞭，但觉两耳生风，喘息的功夫已跑出百里之外（图 3–44 ~ 图 3–46）。

图 3-44　伯乐相马（忠王府）

图 3-45　伯乐相马（陈御史花园）

图 3-46　伯乐相马（陈御史花园）

九、闻鸡起舞

晋代祖逖立志建功立业，复兴晋国。他和幼时好友刘琨一起担任司州主簿时，每天鸡一叫就起床练剑，剑光飞舞，剑声铿锵，一年四季从不间断，终于成为能文能武的全才。后来，祖逖被封为镇西将军，刘琨做了兼管并、冀、幽三州的军事都督。后人以“闻鸡起舞”形容奋发有为，也比喻有志之士的振作精神（图 3–47）。

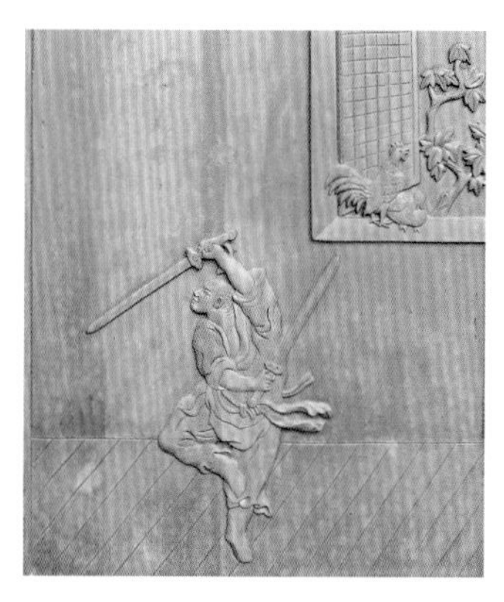
图 3-47　闻鸡起舞（陈御史花园）

十、梁红玉击鼓抗金

抗金名将韩世忠之妻梁红玉，生于武将世家，自幼练就一身功夫。时韩世忠为御营平寇左将军，梁红玉被封安国夫人。建炎四年（公元 1130 年）元宵节，金兀术下战书与韩世忠约定第二天开战。韩世忠听从梁红玉的计策，把宋军兵分两路，看中军摇旗为号；梁红玉击鼓，两路宋军包围截杀金兵，大获全胜（图 3–48）。据记载，岳飞被害后，韩世忠也被罢去兵权，便辞官与梁红玉白头偕老。

图 3-48　梁红玉击鼓抗金（陈御史花园）

第三节

“二十八贤”木雕

贤，古指德才兼备之人。雕刻于春在楼的“二十八贤”，都是历史上的早慧少年，他们先天禀赋高，有超强的记忆力和思维能力，大多有“神童”美誉。

一、道逢磨杵

唐李白年少时，道逢一老妪磨杵。李白问“将欲何用?”曰：“欲作针。”李白笑其拙，老妇曰：“功到自成耳！只要功夫深，铁杵磨成针。”李白顿时领悟，发愤读书，成为大名士、大诗人。这则故事道出了“天才出于勤奋”的至理（图3–49）。

二、不顾羹冷

北宋名臣、大文学家范仲淹，幼时家境贫寒，却刻苦学习。他寄住在长白山寺庙里读书，为了省钱和节约时间，每天只用两把小米煮成粥糜，放在一个容器里。等粥糜凝固后用刀划成四块，早、晚各取两块就着一点荠菜吃，一连三年都是这样（图3–50）。[1]

① 宋文莹《湘山野录续录》。

图3–49 道逢磨杵（春在楼）

图3–50 不顾羹冷（春在楼）

三、吟华山诗

北宋名相寇准八岁的时候，父亲大宴宾客，客人请寇准以华山为题作《咏华山》诗，寇准在客人面前踱步思索。踱到第三步，便随口吟出一首五言绝句："只应天山有，更无山与齐。举头红日迈，回首白云低。"客人称赞他有宰相之才。后来，寇准果然成为一代名相，在内政和外交方面都很有建树（图 3–51）。

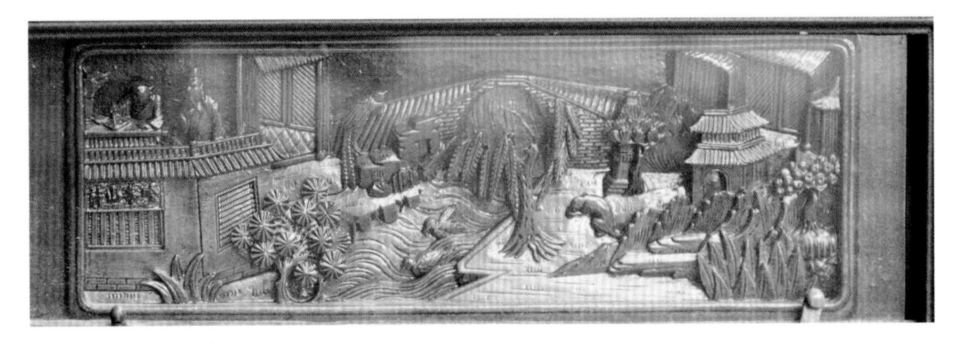

图 3–51　吟华山诗（春在楼）

四、请面试文

三国时的曹植自幼聪明好学，十多岁已熟读诗文辞赋，写得一手好文章。其父曹操读了曹植的文章，不相信是曹植所写，便将他叫来问道："这篇文章是你请人代写的吗?"曹植回答："出言为论，下笔成章。我从来没有请人代写过文章。父亲要是不信，请出题面试。"时值铜雀台刚刚落成，曹操就让他的儿子们每人写一篇《铜雀台赋》。曹植援笔立成，斐然可观，曹操读惊奇不已（图 3–52）。

图 3–52　请面试文（春在楼）

五、字父不拜

三国时的常林伶俐过人。年方七岁时，他父亲的一位朋友来访，在门口看见常林，就问："伯先在家吗?"伯先是常林父亲的字号。常林听了，没有遵循当时的礼节行拜礼。客人就说："我与你父亲是朋友，对你说来是长辈。你见了长辈怎能不拜？看来你是个不懂礼貌的孩子!"常林不慌不忙地回答："你明明知道我是谁，但还是当着我的面称我父亲的字号。看来你是一位不懂礼貌的客人，我为什么要对你下拜呢?"说得客人哑口无言（图 3–53）。后来，常林在魏国历任要职。

图 3-53　字父不拜（春在楼）

六、人号曾子

曾子，春秋时鲁国人，孔子的学生，品德学问兼优，尤以孝著称于世。后汉张霸，四川成都人，三四岁时就知道孝顺父母长辈，礼让兄弟姐妹，言行举止、出入饮食都自然合礼。因此，街坊邻居都称他为“张曾子”（图 3-54）。“张曾子”不仅以孝悌著称，聪明好学也远超常人。他七岁通《春秋》，还攻读其他经典。父母劝他：“你还太小，读不了这些经书。”他说：“我饶为之。”“饶”是“更”的意思，即表示还要继续攻读经书，故父母就以“伯饶”给他作字。后来，他又被举孝廉，入朝做官，很有建树。

图 3-54　人号曾子（春在楼）

七、对日食状

东汉人黄琬出生在一个大官僚家庭，是个有名的神童，其祖父黄琼是当时的大官。黄琬七岁时，正逢出现日食，皇帝问其感受如何，黄琬道：“日食之余，如新月之初。”回答既得体又典雅（图 3-55）。后来，黄琬在朝廷当了大官，名气也很大。董卓之乱，他与一些大臣密谋诛讨董卓，后被董卓发觉，逮捕入狱而死。

图 3-55　对日食状（春在楼）

八、九岁通玄

扬乌是西汉著名的文学家扬雄的儿子。扬雄曾模仿《周易》撰写了哲学著作《太玄经》，也称《扬子太玄经》《太元经》，非常玄奥难懂。而扬乌九岁时就精通这部《太玄经》，人称他为神童，可谓“九岁通玄”（图 3–56）。

图 3–56　九岁通玄（春在楼）

九、对日远近

晋明帝自幼聪明非常。三四岁时，他正坐在父亲晋元帝的膝头，有人从长安回来向元帝禀告长安等地的情况。元帝问明帝：“你说长安远，还是日远？”明帝不假思索地回答：“日远。有人从长安来，但是从来没人从日边来。”元帝听了很惊奇。第二天，晋元帝当着许多王公贵族、达官贵人的面，又问明帝：“日远，还是长安远？”这一次，明帝说：“日近长安远。”元帝一听，很是不解。明帝却说：“我们举头见日，却不见长安，当然是日近长安远了！”（图 3–57）

十、步追惠连

南朝谢贞从小就很懂事且聪明过人。七岁时，他祖母患风眩病，发病时不能饮食，他也不肯饮食。亲戚们看到他小小年纪就如此懂得孝道，都很惊奇。谢贞八岁时，写了首《春日闲居》诗，其中有“风定花犹落”之句。他的堂舅（当时在朝廷当尚书的王筠）读后对左右说：“追步惠连矣！”夸耀他的才华赶上了东晋著名诗人谢灵运的族弟，以文才著称的谢惠连。谢惠连十岁就能写出漂亮的文章。”（图 3–58）

图 3–57　对日远近（春在楼）

十一、七岁及第

《旧唐书·刘晏传》载：刘晏，七岁举神童，授正字。《三字经》云："唐刘晏，方七岁，举神童，作正字，彼虽幼，身已仕。"在封建时代，应科举考试中选，叫作"及第"。唐玄宗到泰山祭祀，刘晏年方七岁，前去献颂，获得唐玄宗的赏识，授正字之官职，也相当于应科举考试及第，所以称他为"七岁及第"（图3-59）。刘晏在唐代历任要职，是历史上有名的经济专家。

十二、闭户读书

汉代孙敬，性好学，常常闭门读书。读书读久了容易打瞌睡，他就效仿苏秦拿根绳子，一端扎住发髻，一端系屋梁，这样一打瞌睡就会惊醒了，人称之为"闭户读书"先生（图3-60）。

图3-58 追步惠连（春在楼）

图3-59 七岁及第（春在楼）

图3-60 闭户读书（春在楼）

十三、与圣贤对

唐代名臣狄仁杰，从小酷爱读书。他说，读圣贤书就像与圣贤讨论学问一样。在他很小的时候，当地发生了案件，官吏来调查时，众人七嘴八舌争着发表意见，狄仁杰则在一旁专心读书（图 3-61）。官吏问他为何如此，他答："黄卷中方与圣贤相对，哪来闲工夫与俗吏说话。"

图 3-61　与圣贤对（春在楼）

十四、宁馨之儿

晋朝大官王衍，从小聪慧异常，明悟如神，五六岁时，家人带着他去拜见当时的大官、学者山涛。山涛见了王衍，发现他灵气过人，称赞道："是何人，生下这宁馨之儿！"后来，人们常用"宁馨儿"称聪明颖悟的孩子（图 3-62）。

图 3-62　宁馨之儿（春在楼）

十五、铸砚示志

据《新五代史·晋臣传》载：河南人桑维翰，相貌丑怪、身短面长。自小有志于报效国家，但屡举进士不第。原来主考官恶其姓"桑"，因为"桑"与"丧"读音相同，很不吉利。有人劝他不必去考进士，可设法通过其他途径进入官场。桑维翰乃著《日出扶桑赋》以见志，又铸一只铁砚，发誓道："到这铁砚破，我还没考取进士，再通过别的途径进官场！"此后，他一如既往、锲而不舍地努力读书，终于如愿以偿，且在政治上颇有作为。元代诗人吴莱诗云："弹冠身有待，铸砚志非虚。"就是用的这一典故（图 3-63）。

图 3-63 铸砚示志（春在楼）

十六、作危楼诗

宋杨文公（杨亿）十一岁，真宗亲试一赋二诗，结果顷刻而成。真宗喜，令送中书再试。参政李至状言：臣亦令赋《喜朝京阙》诗五言六韵，亦顷刻而成。诗曰："七闽波渺汉，双阙势岧峣。晓登云外横，夜渡月中潮。"①

俗传：杨文公数岁不能言，一日家人抱登楼，忽触其首，便能语。家人曰："既能言，可为诗乎？"曰："可。"遂吟《登楼诗》云："危楼高百尺，手可摘星辰。不敢高声语，恐惊天上人。"此外《竹坡诗话》也载：世传杨文公方离襁褓，犹未能言。一日，家人携以登楼，忽自语如成人，因戏问之："今日上楼，汝能作诗乎？"即应声曰："危楼高百尺，手可摘星辰。不敢高声语，恐惊天上人。"此即春在楼"二十八贤"木雕所本。今考：作危楼诗者，实乃李白幼时（图 3-64）。

① 宋文莹：《湘山野录》卷上。

图 3-64 作危楼诗（春在楼）

十七、不展家书

宋代胡瑗，布衣时与孙复、石介为友，读书刻苦万分，粗衣陋食，十年不曾回过家。得到家中寄来的信件，看到上面有"平安"两个字，就投到小河中，不再展开看其中的内容，以免使自己读书分心（图 3-65）。

图 3-65 不展家书（春在楼）

十八、遇鹦鹉对

王禹偁，北宋以来反对浮靡文风、倡导诗文革新运动的领袖之一。他出身贫寒，却发奋好学；自幼聪颖，五岁能诗，九岁能文。一日，济州府某太守宴客，太守席上出句云："鹦鹉能言争似凤？"坐客皆未有对。文简公从宴归来，把此句书于屏上，正好时任家教的王禹偁到来，随口吟出一句："蜘蛛虽巧不如蚕。"文简叹曰："经纶才也。"呼为小友。至文简入相，王禹偁已掌书命矣。（图 3-66）

图 3-66　过鹦鹉对（春在楼）

十九、天子万年

据明代赵瑜《儿世说》记载，詹金龙五岁时被皇帝召见，皇帝以果品赐之。金龙曰："一盂果子赐五岁神童。"皇帝曰："三尺草莽。"他对曰："万年天子。"（图 3-67）

图 3-67　天子万年（春在楼）

二十、坐中颜回

晋谢尚小时候非常聪明，反应也很快。一次，父亲谢鲲带着八岁的他去送客人。一客人指着谢尚说："这小孩是座中的颜回啊！"把他视作为孔夫子最得意的学生颜回。谢尚应声道："我们这里又没有孔夫子，怎么能辨别得出谁是颜回呢！"在场的宾客都赞叹这孩子反应极快（图 3-68）。谢尚长大后，担任过重要的军政职务，很有成就。

图 3-68
座中颜回（春在楼）

二十一、与客戏谈

三国时的杨修，从小就非常机警。杨修九岁时，父亲的朋友孔君平来，其父正好不在家，杨修就出来招待客人。他命家人端上水果，与客人边吃边谈。水果中有杨梅一种，孔君平道："这是你家的果子。"杨修应声道："我怎么没听说孔雀是你家的鸟？"（图 3-69）。

图 3-69
与客戏谈（春在楼）

二十二、囊萤读书

晋代车胤勤劳而不知疲倦，且知识广博。其少时家境贫寒，买不起香油点灯读书。于是夏天的晚上，他用白绢做成透光的袋子，装上几十个萤火虫，照着书本刻苦学习（图 3-70）。

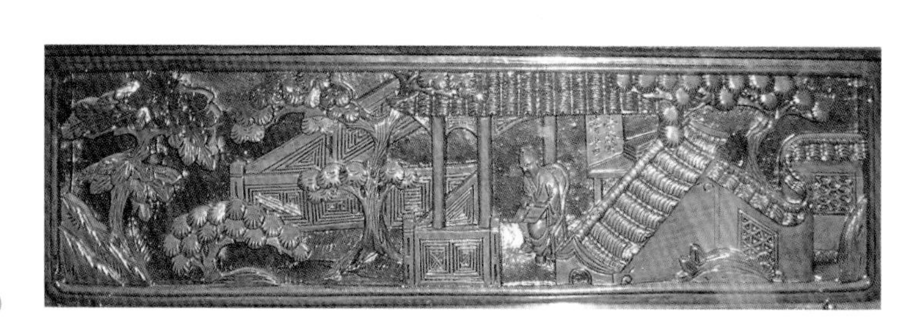

图 3-70
囊萤读书（春在楼）

二十三、龙驹凤雏

晋代陆云，六岁能属文，性清正，有才理。虽诗歌不及其兄陆机，而持论过之，号称“二陆”。幼时吴尚书广陵闵鸿见而奇之，曰：“此儿若非龙驹，当是凤雏。”（图 3–71）

图 3–71　龙驹凤雏（春在楼）

二十四、随月读书

南朝江泌，年少时家境贫寒，白天他得干活，晚上才能就着月光读书。月光倾斜，他随着月光移动爬上屋顶看书，睡着了摔下来，他就再爬上去看。江泌的学问越来越好，终于变成了一个了不起的大学问家（图 3–72）。

二十五、题金山诗

明代王阳明十岁时，其父王华高中状元，任职京师。次年，王阳明随父进京。路过金山寺时，在众人宴请父亲的酒席上，王阳明即兴赋诗：“金山一点大如拳，打破维扬水底天。醉倚妙高台上月，五萧吹彻洞龙眼。”诗意清新，寓含哲理，在场众客无不为之鼓掌（图 3–73）。

图 3–72　随月读书（春在楼）

图 3–73　题金山诗（春在楼）

二十六、万寿无疆

明代大学士李东阳，四岁时被景帝召入宫中观其书法。高不及书案的李东阳提笔在手，饱蘸浓墨，欣然命笔，写下了四个盈尺见方、笔力遒劲、酣畅淋漓的大字“万寿无疆”。景帝一看，这哪像出自一个四岁幼童之手啊，简直就是名家大作。遂高兴地把他抱到膝上，召太监给他拿果子吃，并赐金银。“万寿无疆”，用于祝人长寿之语，出自《诗经·小雅·天保》：“君曰卜尔，万寿无疆。”李东阳最终成为明朝一代名相（图 3–74）。

图 3–74　万寿无疆（春在楼）

二十七、应口成诗

宋崇安人翁迈，十三岁时以聪明敏慧成为乡试第一名。郡守出诗试他，诗曰：“笋出钻钻天。”他应声对曰：“蕈生钉钉地。”郡守欺他年幼，对他不以礼相待，问他：“小解元读何书?”他答曰：“《诗》之《相鼠》篇。”《相鼠》全篇揭露统治者无仪、无止（耻）、无礼，其中“相鼠有体，人而无礼；人而无礼，胡不遄死”句，巧妙地讽刺了郡守的无礼。后有小艺妓上前请他题诗，他当即题诗云：“年未十三四，娇羞懒举头。尔心还似我，全未识风流。”众人大为称赞（图 3–75）。

图 3–75　应口成诗（春在楼）

二十八、论语两句

明代文学家何孟春，幼时即称神童。一天，何孟春随父亲到县学堂，先生用《论语》中的两句“夫子之墙数仞高，得其门而入者或寡矣”作为出句命何孟春对下联。何孟春对道：“文王之囿七十里，与其民同之不亦宜乎?”

何孟春用《孟子》句对《论语》句，真是“门当户对”。而且和出句一样，都是删节压缩了的原句，对得工整；前句文王对孔子，猎场对墙壁，长度对高度都很好，后句也基本相对。可见何孟春熟悉《孟子》，信手拈来，不愧神童之誉（图 3-76）。

图 3-76　论语两句（春在楼）

第四节

“二十四孝故事”木雕

“孝”是儒家伦理思想的核心，是千百年来中国社会维系家庭关系的道德准则，也是中华民族的传统美德。二十四人的孝行故事，可以劝喻世人、匡正世风、用训童蒙，遂演绎为历代宣扬孝道的通俗表述，也成为明清民间年画中的题材，流传甚广。但其中也有鲁迅先生说的“以不情为伦纪，诬蔑了古人，教坏了后人”[1]的内容。雕刻于苏州春在楼的“二十四孝故事”，所据版本为香山帮艺匠所传。仅与光绪年间木刻本（有翁同和、张之洞等诗文）比勘，就有三则不同：光绪本“扇枕温衾”“恣蚊饱血”“涌泉跃鲤”三则，春在楼换作“文王问安”“人号圣童”“佐舜掌文”三则。即使同一题材，也有异文，如春在楼“埋儿得金”，光绪本为“郭巨卖儿”。

一、孝感动天

传说中五帝之一的舜，号有虞氏，史称虞舜。幼年丧母，父再娶，生弟象，父母喜象恶舜，经常迫害他：让舜修补谷仓仓顶，却在下面纵火，舜双手各持一斗笠跳下逃脱；让舜掘井，其父瞽叟与其弟象却往井中填土，舜掘地道得以逃脱；让舜在厉山耕种，地多难耕，但他的孝行感动

① 鲁迅：《朝花夕拾·二十四孝图》。

了天帝，大象替他耕地，小鸟代他锄草。舜毫不怨恨父母，仍然对父母孝敬有加，疼爱弟弟。帝尧听说舜非常孝顺，便把两个女儿娥皇和女英嫁给他。经过多年观察和考验，知道他有处理政事的才干，又把帝位禅让给他。舜登天子位后，依然孝顺父母，并封象为诸侯（图 3-77）。后人有诗赞曰：队队耕春象，纷纷耘草禽；嗣尧登帝位，孝感动天心。[1]

图 3-77 “孝”感动天（春在楼）

二、亲尝汤药

汉文帝刘恒是汉高祖刘邦第三子，为薄太后所生。吕后死后继帝位。他治国有方，以仁孝行于天下。太后卧病三年，他常常目不交睫，衣不解带；母亲所服的汤药，必亲口尝过后方才放心让母亲服用（图 3-78）。整整三年无懈怠之意，还常常焚香跪地，祈求母亲康复，并终身食斋。太后无病仙逝，终年八十四岁。

文帝在位二十四年，重德治，兴礼仪，休养生息，使西汉社会稳定，人丁兴旺，经济得到恢复和发展，他与其子汉景帝统治时期，被誉为“文景之治”。有诗赞曰：仁孝闻天下，巍巍冠百王；母后三载病，汤药必先尝。

图 3-78 亲尝汤药（春在楼）

三、咬指心痛

春秋时期鲁国人曾参，字子舆，是孔子的七十二弟子之一，以孝名闻天下。有一天他正在山中打柴，家中来了客人，独自在家的母亲年老无力做饭，急得不知所措，用牙直咬自己的手指。曾参忽然觉得心疼，背着柴迅速回家，跪问缘故，方知骨肉相连的道理（图 3-79）。后曾子为侍奉父母，拒绝做官。父母去世后，他才开始在外做官，但仍时时想念着已故的父母。传说《孝经》为曾参所作，后世儒家尊他为“宗圣”。

① 据潍坊杨家埠恒兴义画店《二十四孝全图》所录诗，下同。

图 3-79 咬指心痛（春在楼）

四、负米养亲

仲由，字子路，春秋时期鲁国人，孔子的得意弟子，十分孝顺。早年因为家中贫穷，时常在外采集野菜当食物。一次父母病且无食，他从百里之外背米回家侍奉父母（图 3-80）。他的孝心感动了上苍，从此风调雨顺。子路供奉双亲，直到终老。父母去世后，他守孝三年。他做了大官出使楚国，拥有百乘的车马，万种的粮食。享受着华服美食，他仍思念双亲，感叹道："即使我想吃野菜，为父母亲去负米，哪里还能够呢?"孔子赞扬他孝顺父母。有诗赞曰：负米供甘旨，宁辞百里遥；身荣亲已没，犹念旧劬劳。

五、单衣顺母

闵损，字子骞，春秋时期鲁国人，孔子的弟子，在孔门中以德行与颜渊并称。孔子曾赞扬他说："孝哉，闵子骞!"[①] 他生母早死，父亲怜他衣食难周，便再娶后母照料闵子骞。几年后，后母生了两个儿子，待子骞日渐冷淡。冬天给他两个弟弟穿用棉花做的冬衣，给他却穿用芦花做的"棉衣"。一天，闵损驾车载父亲出门，因寒冷打颤将赶车的绳子掉落地上，遭到父亲的斥责和鞭打，衣服中的芦花随着飞了出来，父亲才知道闵损受到虐待，于是要休了后妻。闵损跪求父亲饶恕继母，说："留下母亲只是我一个人受冷，休了母亲三个孩子都要挨冻。"继母听说后既感动又悔恨，从此待他如亲子（图 3-81）。子骞长大做了大官，成为天下著名的孝子。诗赞曰：闵氏有贤郎，何曾怨后娘；车前留母在，三子免风霜。

六、鹿乳奉亲

春秋时期的郯子，十分孝顺。因父母年老，又患有眼疾，需饮鹿乳医治，他便披着鹿皮进山，钻进鹿群中挤取鹿乳，以供奉双亲。一次，他混在鹿群中，差点被猎人当作鹿射杀，于是急忙掀起鹿皮现身走出，将挤取鹿乳为双亲治病的事情告诉猎人。猎人为他的孝心感动，以鹿乳相赠，并护送他出山。有诗赞曰：
"亲老思鹿乳，身穿褐毛衣；若不高声语，山中带箭归。"（图 3-82）。

①《论语·先进》。

图 3-80　负米养亲（春在楼）
图 3-81　单衣顺母（春在楼）
图 3-82　鹿乳奉亲（春在楼）

图 3-80
图 3-81 | 图 3-82

七、戏彩娱亲

老莱子，春秋时期楚国隐士，与父母同住在蒙山南麓。他孝顺父母，以美味供奉双亲。为了取悦父母，七十岁的他还常常穿着五色彩衣，手持拨浪鼓像小孩子那样戏耍，或躺在地上学小孩子哭，以此逗年逾九十的父母开心（图 3-83）。

图 3-83　戏彩娱亲（春在楼）

八、槐阴树下逢仙女

董永，相传为东汉人。幼年丧母，父亲怕他受继母虐待，不再续娶。父子外出贩布赚钱，回家途中钱财被抢，父亲又病死途中。身无分文的董永卖身到一富家为奴，以换取父亲丧葬费用。其孝心感动苍天，天上的七仙女主动下凡，两人在槐阴树下见面，结为夫妇（图 3–84）。七仙女以一月时间织成三百匹锦缎，为董永抵债赎身。两人再次走到槐阴树下时，七仙女告诉董永自己是天帝的女儿，奉命织绢帮助董永还债。说完就飞离人间。有诗赞曰：葬父贷孔兄，仙姬陌上逢；织线偿债主，孝感动苍穹。

图 3–84　槐阴树下逢仙女（春在楼）

九、刻木事亲

东汉丁兰，相传为河内人，幼年父母双亡。他思念父母的养育之恩，用木头刻成双亲雕像，事之如生。他凡事均和木像商议，每日三餐敬过双亲后，自己方才食用；出门前一定禀告，回家后一定面见，从不懈怠。久而久之，他的妻子对木像便不大恭敬，出于好奇而用针刺木像的手指，木像的手指居然有血流出。丁兰回家见木像眼中含泪，遂将妻子休弃（图 3–85）。

图 3–85　刻木事亲（春在楼）

十、怀橘奉母

陆绩，三国时人。六岁那年，他随父亲陆康到九江谒见袁术，袁术拿出橘子招待，陆绩往怀里藏了三枚。临走时躬身施礼，橘子滚落地上，袁术嘲笑他："陆郎来我家做客，走的时候还要怀藏主人的橘子吗？"陆绩回答说："母亲喜欢吃橘子，我想拿回去给母亲尝尝。"袁术见他小小年纪就懂得孝顺母亲，不再责怪（图 3–86）。陆绩成年后，博学多识，通晓天文、历算，曾作《浑天图》，注《易经》，并撰写《浑天仪说》。

图 3-86 怀橘奉母（春在楼）

十一、埋儿得金

郭巨，晋代隆虑人，一说河内温县人。原本家道殷实，但父亲死后，他把家产分作两份，全给了两个弟弟，自己独自奉养母亲。后来妻子生了一个男孩，因家庭贫困，郭巨担心抚养这个孩子便无力供养母亲，便和妻子商议："儿子可以再有，母亲死了不能复活。不如埋掉儿子，节省些粮食供养母亲。"妻子很伤心，却只能无奈地答应。于是他们挖坑埋儿，当挖到地下二尺处忽见一坛黄金，上书"天赐黄金，郭巨孝子，官不得夺，民不得取"。夫妻得到此坛黄金，遂回家孝敬母亲，抚养孩子（图 3-87）。[①]

图 3-87 汉郭巨埋儿得金（春在楼）

十二、拾葚供母

蔡顺，汉代汝南人，少年丧父，对母亲十分孝顺。时值王莽之乱，又遇饥荒，柴米昂贵，母子只得拾桑葚充饥。一天遇到赤眉军，见状问蔡顺为什么把红色的桑葚和黑色的桑葚分开装在两个筐子里，蔡顺答："黑色的成熟桑葚给母亲吃，红色的桑葚留给自己吃。"赤眉军怜悯他的孝心，送给他三斗白米一头牛，让他带回去好好供奉母亲（图 3-88）。

图 3-88 拾葚供母（春在楼）

① 这则故事不合情理，有悖儒家慈爱之道，"埋儿"恐为"卖儿"之讹传。

十三、闻雷泣墓

魏晋人王裒，博学多能。因父王仪被司马昭杀害，便隐居教书，终身不面向西坐，表示永不作晋臣。其母病故，因生前母亲就很胆小，害怕打雷，王裒便将母亲葬于山林中寂静的地方。每当听到震耳的雷声，王裒就奔跑到母亲的坟墓前跪拜，且低声劝慰："儿王裒在这里陪着您，母亲不要害怕。"王裒教书时，每当读到《蓼莪》篇，就常常泪流满面，万分思念父母。有诗赞曰：慈母怕闻雷，冰魄宿夜台；阿香时一震，到墓绕千回。（图 3–89）

十四、升堂乳姑

唐代博陵人崔山南，官至山南西道节度使，人称"山南"。当年他的曾祖母长孙夫人年事已高，牙齿脱落，无法咀嚼食物。祖母唐夫人十分孝顺，每天盥洗后都上堂用自己的乳汁喂养婆婆，如此数年，长孙夫人身体依然健康。后来长孙夫人病重时，临终前将全家人召集在一起，看着唐夫人说："但愿子孙媳妇也像她孝敬我一样孝敬她。"后来崔山南做了高官，一直遵嘱孝敬祖母唐夫人。（图 3–90）

图 3–89　闻雷泣墓（春在楼）

图 3–90　唐崔氏升堂乳姑（春在楼）

十五、卧冰求鲤

晋代琅琊人王祥，生母早丧，继母朱氏经常在他父亲面前说他坏话，使父亲对他逐渐冷淡，但他对父母仍很孝顺，继母患病想吃活鲤鱼，当时天气很冷，冰冻三尺，王祥为了能得到鲤鱼，赤身卧在冰上，浑身冻得通红，仍在冰上祷告求鲤鱼（图 3-91）。忽然，冰块自行裂开，王祥喜出望外，正准备跳入河中捉鱼，冰缝中跳出两条活蹦乱跳的鲤鱼。王祥就把这两条鲤鱼带回家供奉继母，继母食后果然病愈，并非常悔恨往日行为。王祥的举动，在十里乡村传为佳话。王祥后从温县县令做到大司农、司空、太尉。有诗赞曰：继母人间有，王祥天下无；至今河水上，留得卧冰模。

十六、扼虎救父

晋朝人杨香是个孝女，十四岁时随父亲到田间割稻，忽然跑来一只猛虎把父亲扑倒叼走。杨香手无寸铁，为救父亲全然不顾自己的安危，拼命追上猛虎爬上虎背，用尽全身气力扼住猛虎的咽喉，终于迫使猛虎放下她父亲跑了。父亲遂脱离虎口，保全了性命（图 3-92）。有诗颂曰：深山逢白额，努力搏腥风；父女俱无恙，脱身虎口中。

图 3-91　晋王祥卧冰求鲤（春在楼）

图 3-92　扼虎救父（春在楼）

十七、哭竹生笋

三国时人孟宗，官至司空。少时父亡，母子俩相依为命。母亲年老病重，医生叮嘱他用鲜竹笋做汤给母亲喝。正值严冬，哪里有鲜笋，孟宗无计可施，独自一人跑到竹林里抚竹哭泣。过了一会儿，忽然听到地面裂开的声音，只见地上长出数茎嫩笋（图3-93）。孟宗大喜，采回去做汤，母亲喝了果然病愈。有诗赞曰：泪滴朔风寒，萧萧竹数竿；须臾冬笋出，天意招平安。

十八、尝粪忧心

庾黔娄，南齐高士，任孱陵县令。赴任不满十天，忽觉心惊流汗，他预感家中有事，当即辞官返乡。回到家中，其父果然已病重两日。医生嘱咐若知病情吉凶，需尝尝病人粪便的味道，味苦就好。庾黔娄于是就去尝父亲的粪便，发现味甜，内心非常忧愁，便在夜里跪拜北斗星，祈求自己代父去死。几天后他的父亲还是死去，庾黔娄安葬了父亲，并守孝三年（图3-94）。

图3-93　晋孟宗哭竹生笋（春在楼）

图3-94　尝粪忧心（春在楼）

十九、负亲逃难

东汉人江革，少年丧父，独与母居，奉母至孝。岁遭兵荒，负母逃难，路遇贼寇，欲劫杀之。江革泣告：“老母年迈，无人奉养。”贼人见他孝顺，不忍杀他。后来他迁居江苏下邳，做雇工供养母亲，自己贫穷赤脚，而母亲所需甚丰。明帝时被推举为孝廉；章帝时被推举为贤良方正之士，任五官中郎将（图 3-95）。

图 3-95 负亲逃难（春在楼）

二十、弃职寻亲

朱寿昌，宋代天长人。七岁时，生母刘氏为嫡母（父亲的正妻）排挤，不得不改嫁他人，五十年母子音信不通。神宗时，朱寿昌在朝做官，曾刺血书写《金刚经》，周游四方寻找生母，得到线索后，他弃官寻母，发誓不见母亲永不返回。终于在陕州遇到生母和两个弟弟，从此母子团聚，此时生母已经七十多岁了（图 3-96）。

二十一、为亲涤器

黄庭坚，宋代著名诗人、书法家。虽在朝廷身居高位，侍奉母亲却竭尽孝诚。每天晚上，他都亲自为母亲洗涤溺器（便桶），恪守作为儿子应尽的职责（图 3-97）。

图 3-96 朱寿昌弃职寻亲（春在楼）

图 3-97 黄庭坚为亲涤器（春在楼）

二十二、文王问安

据传，周文王姬昌做世子的时候，每日朝见父亲三次。早晨鸡啼时，就穿好礼服前去问安；到了晚上，也是这样。当其父偶感不适，文王的脸上就满是忧愁的神气，连路都走不端正了；等到其父饮食复原了，文王也才恢复了原状。当饭菜献进去的时候，文王一定亲自看看饭菜的冷热；待其父吃完饭，文王就问吃得怎样；并嘱咐下属，不要把原有的饭菜再献上去，那个人诺诺应答（图 3–98）。

图 3-98　文王问安（春在楼）

二十三、佐舜掌文

据考证，佐舜掌文者应为伯益，是虞夏时期著名东夷部落首领。

《尚书·大禹谟》中记载了伯益建议舜要以尧为榜样，治理天下要深谋远虑，不要放纵游玩；用人要用贤去奸，处事必须顺从民愿；只要坚持实行，就会一呼百应，天下大治。书中还记载了伯益以德政降服三苗的故事，其中有著名的“满招损，谦受益，时乃天道”之句。舜帝于是广施文明德治。

伯益五岁佐舜，“五岁”恐系“十五”之误[1]，“舜”为“尧”之误更合理些。据《史记·五帝本纪》记载，伯益在尧时即被举用为官，从舜以来合计为政共五十五年之久。[2] 从画面看，确系五岁小儿模样（图 3–99）。[3]

① 陈新《伯益考略》。

② 同上。

③ 此条疑置“二十八贤”之中，似乎与孝无涉。

图 3-99　佐舜掌文（春在楼）

二十四、人号圣童

东汉人任延，十二岁时就成为朝廷的诸生，通晓六经，人称“任圣童”。后来他被拜为会稽都尉，年仅十九岁，迎接他的官员都惊讶于他的年轻。每次去下面的属县巡视，他总让官吏劝勉行孝，并请孝子们吃饭。[1]（图 3-100）

[1]《后汉书·任延传》。

图 3-100　人号圣童（春在楼）

第五节

“渔樵耕读”木雕

“渔樵耕读”分别指捕鱼的渔夫、砍柴的樵夫、耕田的农夫和读书的书生，四业中以“渔”为首。渔樵耕读是以农立国的中国基本的经济生产形态和生活内容，一向为人们所尊崇。

一、渔

渔夫以东汉严子陵为历史原型，严子陵一生不愿为官，多次拒绝曾经是同学的汉光武帝刘秀的邀请，隐居于浙江桐庐，垂钓终老。宋代范仲淹在《严先生祠堂记》赞扬严子陵能够独全高洁，归乐江湖，并歌之曰：“云山苍苍。江水泱泱。先生之风，山高水长。”凡垂钓江湖、手持钓竿等形象都属“渔”。图 3-101 年轻人爬上岸边柳树垂钓，老者将钓到的鱼装进竹篓；图 3-102 老渔翁抱鱼而归，小渔童持竿相随；图 3-103 两渔翁手持鱼竿在河边观鱼欲钓；图 3-104、图 3-105 均为老渔翁在渔船上披蓑戴笠独自垂钓；图 3-106 ~ 图 3-108 渔夫与小儿或妻子在渔舟上忙碌，或摇桨，似乎放鱼篓子捕鱼，神态各异，很有生活气息。

图 3-101　渔（留园）
图 3-102　渔（狮子林）
图 3-103　渔（忠王府）
图 3-104　渔（忠王府）
图 3-105　渔（忠王府）
图 3-106　渔（忠王府）

图 3-101	图 3-102	图 3-103
图 3-104		
图 3-105		
图 3-106		

图 3-107 渔（忠王府）

图 3-108 渔（忠王府）

二、樵

砍柴的樵夫以汉武帝时的朱买臣为历史原型。汉班固《汉书》记载朱买臣出身贫寒，常常为了生活上山砍柴。朱买臣酷爱读书，砍柴途中总是大声朗诵，其妻制止他，他却依然故我。妻子止之不听。凡砍柴担柴者均属于“樵”。（图 3-109、图 3-110）

图 3-109 樵（留园）

图 3-110 樵（狮子林）

三、耕

耕田的农夫以舜耕历山为原型。舜曾被父母逐出家门，在历山垦荒。相传舜耕时有象为之耕，有鸟为之耘。凡有牛耕地形象者，都象征“耕”（图 3–111）；图 3–112 农夫牵着耕牛，与一荷锄小儿往农田走去；图 3–113 放牛娃骑在牛背上往河边去饮水，展现出如牧歌般的宁静画面。

图 3–111 耕（留园）
图 3–112 耕（狮子林）
图 3–113 耕（忠王府）

四、读

读书的书生以战国时人苏秦刺股埋头苦读为基本原型。苏秦在齐国受业于鬼谷先生。他第一次入秦游说，未被重用。后发奋研读，以致“头悬梁，锥刺股”。

再次出游时，苏秦获得了成功，任六国之相，成为战国时期著名纵横家。

实际上，苏州园林中的“读”木雕图案范围比较广。图 3–114 屋内母亲在教子读书，老仆在外捣衣；图 3–115 有“苏秦夜读”的味道，一书童前往送茶水；图 3–116 文人手持毛笔沉吟，书案上摆放着笔筒、书函、简册及一盏油灯；图 3–117 一书生在赶考或求学途中，静坐在山石上歇息，书函置于身旁，书生眺望远山上空的归雁沉思。

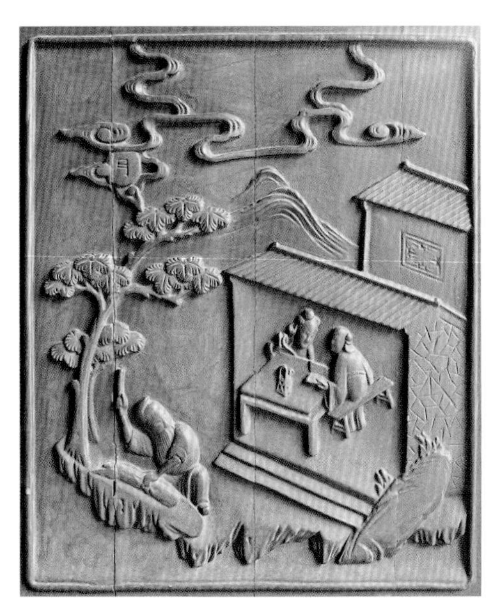

图 3–114 读（留园）

图 3–115 读（狮子林）

图 3–116 读（陈御史花园）

图 3–117 读（陈御史花园）

第四章

小说戏曲故事木雕

清代中晚期苏州园林的木雕作品题材更为丰富，尤其讲究诗情画意。木雕内容很多都取材于传统的古典小说名著，以及人们喜闻乐见的戏曲故事、神话仙佛故事，从而营造出氤氲文气。

第一节

小说木雕

一、《三国演义》

三国故事在唐代已经盛传，宋代说话技艺中有“说三分”，元代有《全相三国志平话》写定本，元杂剧中三国剧目有数十种之多。元末明初，罗贯中融会陈寿《三国志》和裴松之补注的历史材料，又吸收民间传说和话本、杂剧的故事，编写了《三国演义》。《三国演义》记述了东汉末年魏、蜀、吴三个政治集团之间的斗争，揭示了当时社会的黑暗与腐朽，谴责了统治者的残暴和丑恶，反映了人民群众在战乱年代中的灾难和痛苦，表现了作者对国家统一及明君仁政的渴望。刘备是理想化了的明君，曹操则为暴君的典型；诸葛亮是贤相典范，智慧的化身；关羽成为“义”的形象代表，后世尊为“武圣人”。

《三国演义》主要人物的形象及所用兵器都艺术化了，张飞的丈八蛇矛、关羽的偃月大刀、吕布的方天画戟，与其主人公一起，都成为国人心目中固有的模式。《三国演义》里的故事，有的以连环画形式在苏州园林木雕中展现，有的挑选了精彩的故事片段雕刻在苏州园林的裙板上。

1. 孟德献刀

董卓专权，废少帝立献帝，遭到群臣反对。曹操携宝刀入府欲行刺董卓，不料拔刀时被董卓从衣镜中发觉。曹操乃以献刀之名脱身。[①]（图 4–1）

① 见《三国演义》第四回　废汉帝陈留践位　谋董贼孟德献刀。

2. 三英战吕布

十八路诸侯联合攻打董卓，董卓义子吕布镇守虎牢关。双方关前布阵而战，张飞、关羽、刘备三人并力战吕布，布不敌三人，奔走入关。[①]（图 4–2）

3. 凤仪亭

董卓纳貂蝉，吕布无由得见，乘董卓入朝，入内私见貂蝉。貂蝉方梳妆，故作悲叹，与吕布私会于凤仪亭。董卓回府撞见，大怒，以吕布之戟追掷，父子从此反目。[②]（图 4–3）

①《三国演义》第五回　发矫诏诸镇应曹公　破关兵三英战吕布。

②《三国演义》第八回　王司徒巧使连环计　董太师大闹凤仪亭。

图 4–1
孟德献刀（网师园）

图 4–2
三英战吕布（春在楼）

图 4–3
凤仪亭（拙政园）

4. 兵犯长安

李傕、郭汜兴西凉兵进犯长安，吕布出兵迎敌。李、郭二人一面袭扰吕布，一面分兵攻打长安。吕布无奈退守长安。西凉兵围住长安，里应外合攻进长安。吕布逃奔袁术去了。[1]（图 4–4）

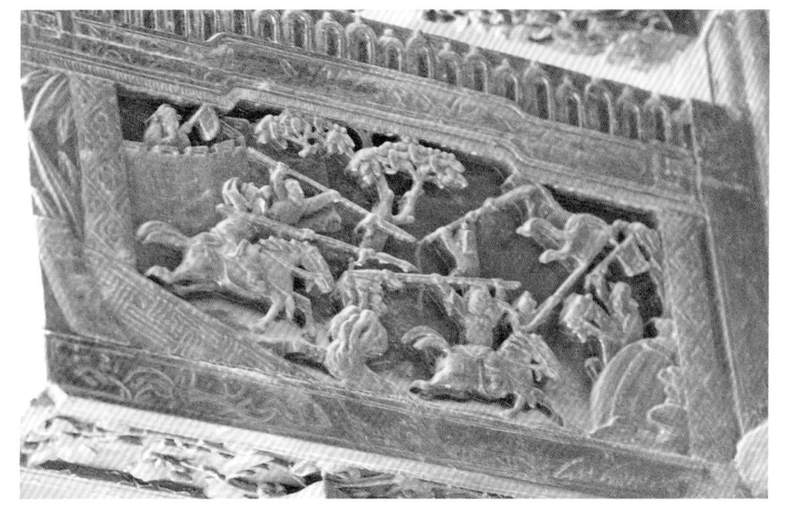

图 4-4
兵犯长安（春在楼）

5. 过五关斩六将

关羽为了寻找在袁绍处的刘备，护送二位嫂嫂千里寻兄。过东岭关、洛阳、沂水关、荥阳、黄河渡口五关，斩首了将领孔秀、韩福、孟坦、卞喜、王植、秦琪六人。在古城会了张飞，终于重新与刘备相见。[2]（图 4–5、图 4–6）

图 4-5
过五关斩六将（怡园）

图 4-6
过五关斩六将局部（怡园）

①《三国演义》第九回　除暴凶吕布助司徒　犯长安李傕听贾诩。

②《三国演义》第二十七回　美髯公千里走单骑　汉寿侯五关斩六将。

6. 击鼓骂曹

名士祢衡被孔融推荐给曹操，曹操对其轻慢，命为鼓吏，并以此来羞辱他。于是祢衡当着满朝文武大骂曹操，借击鼓来发泄愤懑。祢衡大骂当朝丞相，不为威武所屈，表现了一个正直文人的高傲性格。（图 4-7、图 4-8）[1]

[1]《三国演义》第二十三回 祢正平裸衣骂贼 吉太医下毒遭刑。

图 4-7
击鼓骂曹（春在楼）

图 4-8
击鼓骂曹（网师园）

7. 古城相会

关羽身在曹营心在汉，得知刘备在汝南的下落后，即与孙乾护送二位嫂夫人向汝南进发。一路上过关斩将，在古城见到张飞；关公斩杀蔡阳，关张兄弟释疑。至衙中坐定，二位嫂夫人诉说关公历经之事，张飞方才大哭，参拜云长。张飞也自诉别后之事，一面设宴贺喜（图 4-9）。

图4-9 古城相会（网师园）

8. 赵云截江

孙权欲乘刘备出征西川之机夺回荆州，用张昭之计，谎称吴国太病重，派周善前往荆州取孙夫人和阿斗往东吴，意在挟刘备归还荆州。孙夫人抱阿斗乘坐大船刚到江心，赵云察觉后乘小船追赶上来。他不顾大船上射来的箭枝，靠上前去并纵身跳上大船，将阿斗夺回。（图4-10）[1]

9. 定四州

官渡一战，曹操大胜袁绍。后袁绍又历数败，忧愤而死，同时袁绍的长子袁谭与幼子袁尚自相残杀。曹操乘机离间袁氏弟兄，攻下冀州，分兵击破青、幽、并三州，深入乌桓和辽东，灭尽袁氏，平定河北，打下了曹魏的基业（图4-11）。[2]

①《三国演义》第六十一回赵云截江夺阿斗　孙权遗书退老瞒。

②《三国演义》第三十三回　曹丕乘乱纳甄氏　郭嘉遗计定辽东。

图4-10
赵云截江（春在楼）

图 4-11 定四州（春在楼）

10. 马跃檀溪

刘备乘马渡檀溪早就见于隋炀帝时观看的水上表演节目之中。说的是刘备被曹操打败，投靠刘表，住在荆州。刘表待刘备甚厚，可他的妻子蔡夫人和其兄蔡瑁总怀疑刘备有吞并荆州之心，乘机加害于他。刘备在战斗中缴获“的卢”千里马。刘表看见，非常喜爱，刘备便将此马送给刘表。相马者称此马“妨主”，刘表因此也对刘备起了戒心，并将“的卢”送还刘备。后来刘备获悉蔡氏兄妹设计害他，便乘的卢马，跃过宽数丈、水流湍急的“檀溪”，一跃三丈，飞上西岸，得以逃脱（图 4-12）。[①]

图 4-12
马跃檀溪（忠王府）

11. 孔明出山

刘备因徐庶、司马徽均荐诸葛亮之才，特同关、张前往卧龙岗访，连去二次皆空劳往返，第三次始得相见。诸葛亮列举天下形势，并教刘取荆、益二州立业，刘备敬服，恳请其出山辅佐。[②]（图 4-13）

①《三国演义》第三十四回 蔡夫人隔屏听密语 刘皇叔跃马过檀溪。

②《三国演义》第三十七回 司马徽再荐名士 刘玄德三顾草庐。

12. 博望坡

曹操命夏侯惇攻新野，刘备求计于诸葛亮；诸葛分遣诸将设伏，张飞不服；曹兵至，诸葛亮火烧博望坡，大败曹兵，张飞心服，负荆请罪。[1]（图 4-14）

图4-13　孔明出山（网师园）

图 4-14　博望坡（春在楼）

13. 长坂坡

曹操大军于长坂坡追上逃亡的刘备，刘备手下大将赵云怀抱后主刘禅，杀出重围，砍倒大旗两面，夺槊三条；前后枪刺剑砍，杀死曹营名将五十余员，凭一人之力将刘禅从曹军包围中救出。[2]（图 4-15、图 4-16）

① 《三国演义》第三十九回　荆州城公子三求计　博望坡军师初用兵。

② 《三国演义》第四十一回　刘玄德携民渡江　赵子龙单骑救主。

图 4-15
长坂坡（春在楼）

图 4-16 长坂坡（春在楼）

14. 舌战群儒

诸葛亮赴柴桑郡欲说服孙权，促成孙刘联盟以共同抗击曹操。觐见孙权之前，在幕下与东吴主和派的张昭、虞翻等人展开激烈辩论。孔明对答如流，众人尽皆失色。（图 4–17）

15. 蒋干盗书

孙、曹对峙于赤壁，曹操令蒋干劝降，周瑜故假蒋干手盗去假书信，使曹操自己误杀水军将领蔡瑁、张允。[①]（图 4–18）

16. 草船借箭

周瑜欲借造箭一事加害诸葛亮，孔明却出奇计，于重雾迷江之夜，率领草船进逼曹操水军。曹操不知敌情，不敢出战而命军士以弓箭齐射，诸葛亮是以尽得曹军之箭。诸葛亮受箭返航，完成了周瑜三日造箭十万的军令。（图 4–19）

17. 黄盖受刑

周瑜决计用火攻曹操，黄盖密献苦肉计欲诈降。后黄盖在军中当面顶撞周瑜，周瑜依计命人毒打黄盖，黄盖也因此获得了曹操信任。[②]（图 4–20）

①《三国演义》第四十五回　三江口曹操折兵　群英会蒋干中计。

②《三国演义》第四十六回　用奇谋孔明借箭　献密计黄盖受刑。

图 4-17
舌战群儒（春在楼）

图 4-18
蒋干盗书（网师园）

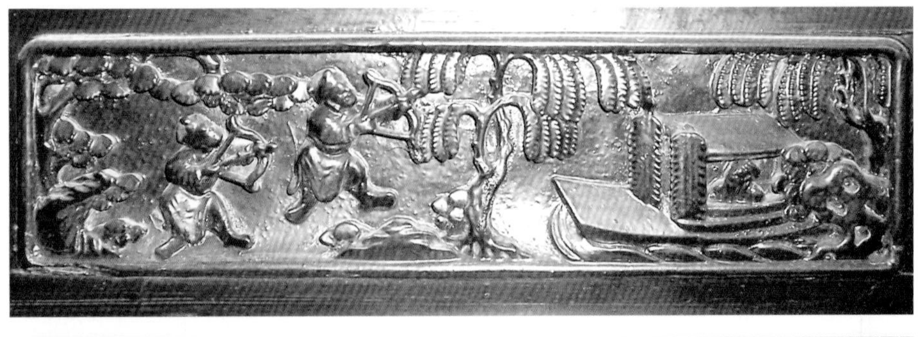

图 4-19
草船借箭（网师园）

图 4-20
黄盖受刑（网师园）

18. 三江口

庞统巧授连环计，北军大锁战船；诸葛亮又借来东风，火攻曹操的条件皆已具备。周瑜六路派兵，又命黄盖准备火船前往曹营诈降。曹操果然中计，在三江口被周瑜火攻而大败。[①]（图 4–21）

19. 华容道

曹操赤壁战败，诸葛亮算准曹操必从华容道逃走，派关羽在华容道埋伏。曹操果走华容道，但关羽念曹操往日的恩义，动了故旧之情，放曹军过去。[②]（图4–22）

20. 战长沙

赤壁之战后，刘备占据荆州，命关羽攻打长沙。长沙太守韩玄命老将黄忠出战。黄忠阵前马失前蹄，关羽释之。次日再战，黄忠箭射关羽盔缨，以报关羽不斩之恩。韩玄怒责黄忠通敌，将欲斩之。魏延杀出救起黄忠，教百姓同杀韩玄，与黄忠一起降了刘备。（图 4–23）

21. 三气周瑜

鲁肃向刘备再讨荆州，诸葛亮先以言折辩，后予借约，定取川后还之。鲁肃复命，周瑜乃定假途灭虢之计，扬言代刘取川，实欲暗袭荆州，为诸葛亮识破，假称犒军，诱至关前，预伏四路军马夹攻，周瑜大败。诸葛亮又以书讽之，周瑜遂被气死。[③]（图 4–24）

① 《三国演义》第四十九回 七星坛诸葛祭风 三江口周瑜纵火。

② 《三国演义》第五十回 诸葛亮智算华容 关云长义释曹操。

③ 《三国演义》第五十六回 曹操大宴铜雀台 孔明三气周公瑾。

图 4–21
三江口（春在楼）

图4-22 华容道（春在楼）

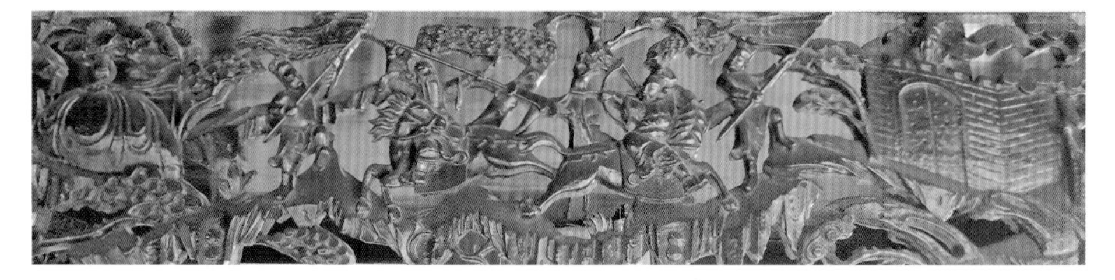

图 4-23 战长沙（留园）

图 4-24 三气周瑜（春在楼）

22. 黄魏争功

玄德得涪水关，与庞统商议进取雒城。黄忠、魏延二将请战，刘备应允。不料魏延争功心切，进军途中中了川兵埋伏，大败而逃。后汉军又被围堵，魏延险些遭擒，幸好黄忠率军及时赶到，杀退川兵，救出魏延。[1]（图 4–25）

23. 张翼德夜战马超

马超率军攻打刘备以救刘璋，在葭萌关与张飞阵前鏖战，二人战自晚上又点火把夜战，未分胜负。[2]（图 4–26）

24. 单刀赴会

孙权命鲁肃向刘备再索荆州，刘备佯允以长沙、零陵、桂阳三郡交还；诸葛瑾向关羽索要，关羽不与。鲁肃情急，设宴请关羽过江，预伏部将，拟加胁迫。关羽只携周仓一人，单刀赴会，宴间历叙战功；鲁肃索荆州，关乃假醉，一手持刀，一手亲执鲁肃，东吴众将投鼠忌器，不敢轻动，关羽遂安然返回荆州。[3]（图 4–27）

25. 黄忠请战

张郃兵败惧罪，又攻打葭萌关。老将黄忠向诸葛亮讨令拒敌，孔明恐黄忠年老未能是张郃敌手。黄忠趋步下堂，取架上大刀，轮动如飞；壁上硬弓，连拽折两张，老当益壮。果然黄忠与副将严颜合力杀退张郃，又乘胜攻占曹军屯粮之天荡山，杀死夏侯德。黄忠另引一军攻打曹军重镇定军山，定军山守将夏侯渊出战，各不相下。夏侯擒去牙将陈式，黄忠又擒住夏侯之侄夏侯尚，黄故意于走马换将之时，箭射夏侯尚，激怒夏侯渊来追，将其引至荒郊，用拖刀计斩渊。[4]（图 4–28）

① 《三国演义》第六十二回　取涪关杨高受首　攻雒城黄魏争功。

② 《三国演义》第六十五回　马超大战葭萌关　刘备自领益州牧。

③ 《三国演义》第六十六回　关云长单刀赴会　伏皇后为国捐生。

④ 《三国演义》第七十回　猛张飞智取瓦口隘　老黄忠计夺天荡山。

图 4–25
黄魏争功（春在楼）

图 4-26　张翼德夜战马超（春在楼）

图4-27　单刀赴会（网师园）

图 4-28　黄忠请战（网师园）

26. 水淹七军

刘备自立汉中王后，命关羽以荆州之军攻襄阳。关羽攻破襄阳，进攻樊城。曹操遣于禁、庞德往救，庞德预制棺木，誓与关羽死战。庞力战关羽，于禁嫉妒庞之功，移七军转屯城北罾口川；关羽乘襄江水涨，放水淹之，生擒于禁、庞德。[①]（图 4–29）

27. 空城计

马谡因自恃才能失掉街亭，司马懿乘势引魏军十五万攻打诸葛亮驻地西城。当时，诸葛亮身边别无大将，只有一班文官和二千五百军士在城中，西城空虚，万分危急。诸葛亮乃披鹤氅，戴纶巾，引二小童携琴一张，于城上敌楼前，凭栏而坐，焚香操琴。司马懿兵临城下，见诸葛亮端坐城楼，笑容可掬，焚香弹琴，疑惑不已，以为诸葛亮平生谨慎，不曾弄险，今大开城门，必有埋伏，深恐中计，遂不进而退。（图 4–30）

28. 孔明妆神

诸葛亮五出祁山，正值陇上麦熟。孔明欲割陇上小麦以解军粮之需。于是，他准备了三辆四轮车来，车上一样妆饰，扮成天神模样，与魏军周旋。魏军追赶孔明不上，疑是神兵，遂入上邽闭门不出，孔明即遣军兵尽割陇上之麦。[②]（图 4–31）

29. 关羽爱读《春秋》

关羽，东汉末期蜀国大将，重义气，精武艺，后人称其为关圣、关帝、关公。关羽从小爱读《春秋》，还爱讲春秋时代名将的故事，读起书来可以几餐不吃饭；讲起春秋时代的故事来，可以几夜不睡觉。（图 4–32、图 4–33）

① 《三国演义》第七十四回　庞令名抬榇决死战　关云长放水淹七军。

② 《三国演义》第一百一回　出陇上诸葛妆神　奔剑阁张郃中计。

图 4–29
水淹七军（春在楼）

图 4-30　空城计（留园）

图 4-31　孔明妆神（春在楼）
图 4-32　关羽爱读《春秋》（忠王府）
图 4-33　关羽爱读《春秋》（忠王府）

图 4-31 | 图 4-33
图 4-32

二、《西游记》

《西游记》写的是唐僧玄奘西天取经的故事，作者吴承恩。经过吴承恩的再创造，把一个以宣扬佛教精神、歌颂虔诚教徒为主的故事，改造为具有鲜明的民主倾向和时代特征的神话小说。体现人民理想的神话英雄孙悟空，成为全书最突出的中心人物。作者通过神话故事，表达了他对现实的愤激之情，讽刺和批判了各种的邪恶势力，歌颂了孙悟空正义勇敢的精神。

“大闹天宫”是书中写得最精彩的篇章。

孙悟空不服天庭统治，漠视天庭权威。两次大闹天宫。第一次大闹天宫以后，玉皇大帝先是哄骗他封了个“弼马温”，后又诱许孙悟空为有官无禄的“齐天大圣”，实际上却是连遍请众仙的“蟠桃会”也无资格参加。天宫如此“轻贤”，而又要弄权术，以致孙悟空偷吃蟠桃、喝光御酒、大闹瑶池、吞掉八卦金丹，棒打灵霄宝殿，再次反出天庭。玉帝动用了天宫的全部力量，才将孙悟空抓住，但刀枪斧钺奈何不了他，于是推入太上老君的八卦炉，不想孙悟空神通广大，蹬翻了炼丹炉，一根金箍棒只打得“九曜星闭门闭户，四天王无影无踪”，直到如来佛用骗术将他压在五行山下。（图 4–34）

图 4-34 大闹天宫（留园）

三、《水浒传》

《水浒传》为明代历史小说，作者施耐庵。书中通过官逼民反过程的描述，深刻而又广泛地揭露了封建统治阶级的罪恶，热情地歌颂了起义的英雄人物。

“武松打虎”出自《水浒传》第二十三回。武松离开柴进庄园，回清河县看望哥哥，途经阳谷县景阳岗，在岗下小店吃了十八碗酒，遂不听酒家劝告，执意当夜过岗。武松上岗，醉卧青石，果真一阵狂风呼啸，出现一只斑斓猛虎。他惊起打虎，老虎纵身扑来，武松躲过；老虎大吼一声，用尾巴向武松扫来，武松又急忙跳开，并趁猛虎转身的一霎间，举起哨棒、运足力气，朝虎头猛打下去。只听“咔嚓”一声，哨棒打在树枝上。老虎兽性大发，又向武松扑过来，武松索性扔掉半截哨棒，顺势骑上虎背，赤手空拳将老虎打死，彰显了异乎常人的英雄气概。（图 4–35）

图 4-35 武松打虎（陈御使花园）

四、《红楼梦》

《红楼梦》是一部具有世界意义的伟大的现实主义小说，作者曹雪芹。全书以宝玉和黛玉、宝钗的爱情婚姻悲剧为主线，通过贾、薛等家族的兴衰史，再现了封建社会末世的种种人情世态，批判了封建社会的封建礼教，揭示了封建制度必然灭亡的历史趋势。其中，红楼十二钗被广泛刻绘成图，下面挑选的几幅木雕均出自同里崇本堂和陈御史花园。

1. 诉肺腑宝玉痴情

一日，黛玉独自拭泪，宝玉瞅了半天，说道“你放心”。林黛玉听了，怔了半天，方说道：“我有什么不放心的？我不明白这话。你倒说说怎么放心不放心？”宝玉叹了一口气，问道：“你果不明白这话？那我素日在你身上的心都白用了，且连你素日待我之意也都辜负了。你皆因总是不放心的缘故，才弄了一身病。但凡宽慰些，这病也不得一日重似一日！”林黛玉听了这话，如轰雷掣电，细细思之，竟比自己肺腑中掏出来的还觉恳切，竟有万句言语，满心要说，只是半个字也不能吐。两个人怔了半天，林黛玉一面拭泪，一面说道：“有什么可说的，你的话我早知道了！”口里说着，却头也不回竟去了。（图 4–36）

2. 宝黛读《西厢》

元春怕大观园空闲。便让宝玉和众姐妹搬进居住。进园后，宝玉更成天和女孩子厮混。书童将《西厢》等书偷进园，宝玉和黛玉一同欣赏。（图 4–37）

3. 宝钗扑蝶

这天“未时交芒种节”，大观园的姑娘们都出来玩耍，宝钗本打算去潇湘馆，后见宝玉进了潇湘馆才折回。返途中见到一双玉色蝴蝶，引得宝钗去扑蝶，并一直跟到大观园滴翠亭外，听到亭内宝玉的丫鬟红玉与坠儿揭贾芸短处。宝钗怕惹事上身，便使了个“金蝉脱壳”之计，谎称在和黛玉捉迷藏，无意中却嫁祸于黛玉。（图 4–38）

4. 妙玉独行

妙玉因自幼多病，买了许多替身皆不中用，只得入了空门，身体状况才见才好转，故一直带发修行。妙玉父母已亡，为睹观音遗迹和贝叶遗文，她随师从苏州到了京城。贾府为元春归省聘买尼姑，她才被请到了贾府的栊翠庵。《红楼梦》第五回说她“气质美如玉，才华馥比仙”“欲洁何曾洁，云空未必空。可怜金玉质，终陷淖泥中”。（图 4–39、图 4–40）

5. 巧姐纺织

巧姐是贾琏与王熙凤的女儿，因生在七月初七，刘姥姥给她取名为巧姐。由于年纪细小，性格尚未形成，所以在书中处于陪衬地位。巧姐从小生活优裕，是豪门千金。但在贾府败落、王熙凤死后，舅舅王仁和贾环要把她卖与藩王作使女。在紧急关头，幸亏刘姥姥帮忙，把她乔装打扮带出大观园，后来嫁给一个姓周的地主。据第五回《十二钗正册》巧姐之页，“一座荒村野店，有一美人在那里纺织”，可知道巧姐曾做过一段时间的纺织娘，或者说巧姐靠勤劳纺织，在荒村里过着自食其力的安定生活（图 4–41）。

图 4–36 图 4–37 图 4–38 图 4–39 图 4–40 图 4–41

图 4–36
诉肺腑宝玉痴情（崇本堂）

图 4–37
宝黛读《西厢》（陈御使花园）

图 4–38
宝钗扑蝶（崇本堂）

图 4–39
妙玉独行（崇本堂）

图 4–40
妙玉独行（陈御史花园）

图 4–41
巧姐纺织（陈御史花园）

五、灌园叟晚逢仙女

故事见明冯梦龙《醒世恒言》。说的是庄稼汉秋先，酷爱栽花种果，有满园的奇花异草，人称花痴。恶霸张委想霸占这座花园，初说买，进而要他送，并趁着酒性，任意折损花木，践踏花圃。后花神显灵，在她的帮助下，使落花返枝，且更增鲜妍。恶霸张委就此诬告秋先为妖人，遂酿成冤狱。最后还是仰仗花神之力，惩治了恶霸，救出了秋先。玉皇大帝还封他为护花使者，专管人间百花（图4–42）。

六、王质烂柯

晋虞喜《志林》载，樵夫王质去山里砍柴，山上有石室，王质入内，见二童子对弈。局未终，视其所执伐薪柯已烂朽。亦见南朝梁任昉《述异记》。中国有关烂柯的传说以及称之为烂柯山的地方甚多，被誉为“围棋仙地”的浙江衢州烂柯山则比较可信（图4–43）。

七、精卫填海

《山海经》载，发鸠山的柘树上有一种鸟，形状像乌鸦，头部有花纹，白嘴，赤足，名精卫，叫声像在呼唤自己的名字。传说为炎帝小女所化，因去东海游泳时溺死，遂化为精卫鸟。经常口衔西山上的树枝和石块，用来填塞东海。图案将精卫雕刻成长着翅膀的美少女，手持小罐，将小石块等扔进大海（图4–44）。

图4–42
灌园叟晚逢仙女（陈御史花园）

图4–43
王质烂柯（陈御史花园）

图4–44
精卫填海（陈御史花园）

第二节

戏曲故事木雕

一、文王访贤

西伯侯姬昌拟访贤人辅佐，夜梦飞熊入帐，次日外出访寻，遇以前犯罪樵夫武吉；由武吉指引至渭水河边，遇姜子牙垂钓。姬昌拜姜子牙为相，且亲自拉辇以示敬意。（图 4–45）

二、郭子仪拜寿

郭子仪为唐玄宗时朔方节度使，以一身而系时局安危者二十年，封汾阳郡王，德宗赐号尚父，进位太尉、中书令。年八十五薨，富贵寿考，哀荣始终，完名高节，烂然独著，福禄永终。《新唐书·郭子仪本传》称："八子七婿，皆贵显朝廷。"郭子仪拜寿戏文象征着大贤大德大富贵，且寿考和后嗣兴旺发达，故成为人臣艳羡不已的对象。（图 4–46）

图 4–45　文王访贤（全晋会馆）

图 4–46　郭子仪拜寿（全晋会馆）

三、打樱桃

有邱姓少年带一书僮秋水，寄居表亲舅父穆员外家。穆女与丫鬟平儿因打樱桃见邱生，彼此偷觑，霎时种了情根，两地相思若有同心。邱生因之患病，平儿代为撮合，效红娘之传简，至书房问候。舅夫妻邀邱生同赴寿山文章大会，秋水嘱邱生中途假作坠马伤臂，由半路折回家中与穆女幽会。秋水亦与平儿谈情。舅父因关彦从中进言，赶回撞破，乃逼邱生赴试而去。（图 4–47、图 4–48）

图4–47 打樱桃（全晋会馆）

图4–48 打樱桃（全晋会馆）

四、《说岳全传》

1. 岳飞习武

宋代抗金名将岳飞，自幼拜周侗为师习武。与张显、汤怀、王贵、牛皋结拜。他投军报国，大闹武科场，枪挑小梁王，奸相张邦昌要拿他问罪，被大帅宗泽所救。（图 4–49 ~ 图 4–51）

2. 宗泽交印

宗泽拒金兵于黄河，金兵不敢南犯。宗泽病重，乃以印信交岳飞代管，三呼渡河，呕血而死。（图 4–52 ~ 图 4–54）

图 4-49　岳飞习武（全晋会馆）　图 4-50　岳飞习武局部（全晋会馆）
图 4-51　岳飞习武局部（全晋会馆）

图 4-49 | 图 4-50 / 图 4-51

图 4-52　宗泽交印（全晋会馆）　图 4-53　宗泽交印（全晋会馆）
图 4-54　宗泽交印局部（全晋会馆）

图 4-52 | 图 4-53 / 图 4-54

3. 岳母刺字

杜充奉旨代帅，一反宗泽所为，岳飞不悦，私自回家望母。岳母责以大义，促其回营抗敌，并于飞背上刺“精忠报国”四字，以坚其心。[①]（图4–55）

图4–55　岳母刺字（陈御史花园）

五、莲炬归院

莲炬归院说的是皇帝将御用的金莲花炬赐翰林学士承旨（即皇帝私人的翰林学士，职能是代皇帝起草诏令）的故事。最早受此殊荣的是唐代任翰林承旨的令狐绹，宣宗夜半召见后，赐其金莲花炬回翰林院，院吏皆以为皇上驾到。宋代皇帝用金莲花炬赐词臣及优待儒生的例子更多，如郑毅夫、王岐公、苏东坡等都享受过莲炬归院的荣耀。[②]（图4–56）

① 《宋史・岳飞传》云：“初命何铸鞫之，飞裂裳，以背示铸，有‘尽忠报国’四大字，深入肤理。”未注明此四字出自岳母之手。明成化年间的《精忠记》提及岳飞背脊有“赤心救国”字样。嘉靖三十一年（1552年）熊大本的《武穆精忠传》记“尽忠报国”四字乃工匠所刺。明末《精忠旗传奇》称：“史言飞背有‘精忠报国’四大字，系飞令张宪所刺。”“岳母刺字”最早见于清乾隆年间钱彩评《精忠说岳》第22回，回目“结义盟王佐假名，刺精忠岳母训子”。

② 宋・叶釐《爱日斋丛抄》(1)。

图4–56　莲炬归院（全晋会馆）

六、征西英雄故事

薛丁山，唐代大将薛仁贵之子。在担任蓝田县令之时，就敢拒绝当朝酷吏来俊臣的不义之举。后突厥犯边，武则天因薛丁山为将门之后，将他调往前线。薛丁山久驻边关，立有战功。玄宗曾于新丰操练唐军，独薛丁山和解琬部进退有序。突厥、契丹联合犯边，薛丁山力主出击，得到玄宗许可，但因其余诸将逡巡不前，唐军大败，薛丁山被撤职。不久吐蕃军十万犯境，薛丁山被重新启用，担任陇右节度使。他连败吐蕃于武阶驿、长城堡，斩获无数。之后薛丁山直镇守青凉，年七十二而亡。

樊梨花，唐代西凉国女将，其父樊洪为西凉国寒江关守将，后投唐，与薛丁山结为夫妻。两人智勇双全，登坛挂帅。在薛家满门抄斩后，她率子薛刚杀进长安，除奸报仇。在民间传说中，她是一个敢爱敢恨、胸怀宽大的大唐奇女子。

1. 马上缘

薛仁贵兵至寒江关，守将樊洪二子樊龙、樊虎出战，均为薛丁山所伤；樊女梨花愤而连败窦仙童、陈金定及薛金莲。薛丁山再出，樊梨花一见钟情，诈败诱其至旷野，欲以终身相托，薛丁山拒绝。樊梨花施法术困之，薛丁山不得已允婚。（图 4–57）

图 4-57
马上缘（全晋会馆）

2. 寒江关

唐太宗、薛仁贵被困，柳迎春至寒江关调取樊梨花解围。薛金莲后至，怪樊梨花不及驰救，两相言语失和，竟至动武。柳迎春急出喝止，樊梨花负气收回发兵令，薛金莲无奈请罪，姑嫂言归于好，同往解围。（图 4–58）

3. 芦花河

薛丁山、樊梨花夫妇率兵征西，共挂头二路元帅之职。兵抵吐蕃境内，与吐蕃将领苏宝同战于芦花河，相持不下。先是薛丁山兵经玉泉山，收得义子薛应

图 4-58
寒江关（全晋会馆）

龙，年方弱冠，颇英伟出众，樊梨花亦甚爱怜之，遂带同随营效力。后薛应龙误入白家庄，被庄主强迫招亲。樊梨花怒其未得父母之命，私自成婚，且有碍军纪，欲斩之以伸军律。薛丁山代为讨情，樊梨花不从；旋经众将士乞情，方允以立功自赎。当时敌所设之金光阵不能破，薛丁山即日往求师父下山相助破妖，临行频嘱樊梨花，勿令薛应龙轻出，免遭不测。然薛应龙急欲立功赎罪，竟私往开战冲阵，即被妖术所困，死于阵中，魂魄化为芦花河水神。（图 4-59）

图 4-59
芦花河（全晋会馆）

七、遇龙封官

明代白简奉父母之命进京应试。至京城寄寓表兄家，下帷攻苦，彻夜达旦，诵声不绝。表兄于都中开设玉龙酒馆有年。时值元夕，民间循例赛放花灯，永乐帝因梦见五星聚奎，故夜晚微服出行，欲一睹民间歌舞升平之象。适便道入该酒馆小饮，闻读书声朗然，时已夜分，斯人却独埋头青玉案下。因命馆主唤出，略一盘诘并面试诸艺，均应答如流，且谈吐间颇落落大方有志节，无少年卑弱浮躁态，乃大赏识。越日，帝召见，钦赐白简进宝状元，授职学士。（图 4-60）

图 4-60
遇龙封官（全晋会馆）

八、西厢记

《西厢记》的故事出自唐代元稹小说《莺莺传》。王实甫改写了这个始乱终弃的悲剧，写张生与莺莺在普救寺邂逅相识，一见钟情，在婢女红娘的热情帮助下，共同向崔老夫人进行斗争，最后终成眷属的故事，剧终时发出愿“天下有情人终成了眷属”的祝福。全剧在诗情画意的氛围中，矛盾起伏跌宕，张生的热烈执着、莺莺的含蓄蕴藉，红娘的锋利俏皮，都写得活灵活现，是戏剧性与抒情性的完美结合，被视为古代剧诗的一个范本。

1. 遇艳

西洛书生张君瑞到长安去赶考，路过普救寺，蓦然见到天姿国色的莺莺，赞叹道：“十年不识君王面，始信婵娟解误人。”遂留住寺中以期再见。红娘后来将张生的种种傻相告诉莺莺，二人皆笑，但莺莺叮嘱红娘不要将此事向老夫人提起。（图 4-61~ 图 4-63）

2. 联韵

张生从和尚那知道莺莺小姐每夜都到花园内烧香，于是在夜深人静、月朗风清之时隔墙偷看。张生听到莺莺叹气后吟诗一首：“月色溶溶夜，花荫寂寂春；

如何临皓魄，不见月中人?”莺莺也随即和了一首：“兰闺久寂寞，无事度芳春；料得行吟者，应怜长叹人”。(图 4-64)

图4-61 遇艳(拙政园)

图4-62 遇艳(陈御史花园)

图4-63 遇艳(陈御史花园)

图 4-64 联韵(陈御史花园)

3. 解围

叛将孙飞虎雄霸一方，听说崔莺莺有“倾国倾城之容，西子太真之颜”，便率领五千人马，将普救寺围住来抢莺莺(图 4-65)。危急之中夫人传话：“不管是什么人，只要能杀退贼军，就将小姐许配给他。”(图 4-66)张生的八拜之交杜确乃武状元，任征西大元帅，统领十万大军镇守蒲关。张生先用缓兵之计稳住孙飞虎，然后写了一封书信给杜确，让他派兵前来解救(图 4-67)。惠明和尚下山去送信(图 4-68)，杜确星夜搬兵来救，打退了孙飞虎(图 4-69)。解围后，崔老夫人设宴感谢杜确、惠明、张生等人(图 4-70、图 4-71)。

4. 赖婚、听琴

崔老夫人在酬谢席上，让张生与崔莺莺结拜为兄妹，命莺莺给张生敬酒，张生推辞不饮(图 4-72、图 4-73)。老夫人让红娘扶小姐回房，以莺莺已许配郑恒为由，让张生另择佳偶，并厚赠金帛(图 4-74)。红娘对老夫人的所为十分愤慨，有意成全二人并安排他们相会，夜晚张生弹琴向莺莺表白自己的相思之苦(图 4-75)。

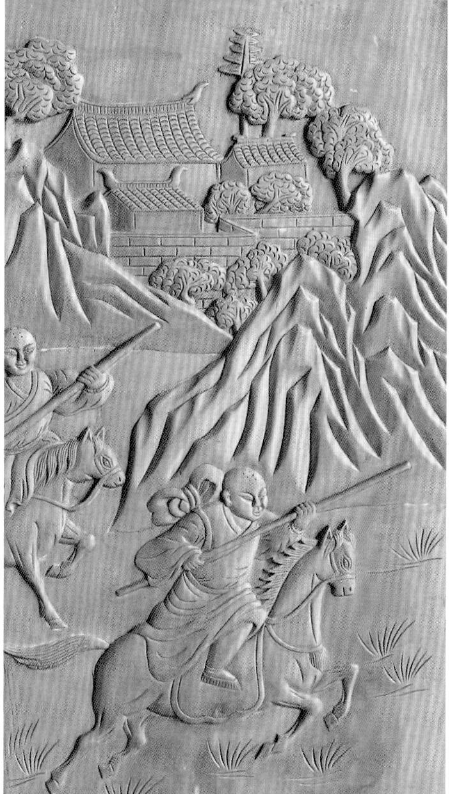

图 4-65 | 图 4-66
图 4-67 | 图 4-68

图 4-65
解围（陈御史花园）

图 4-66
解围（陈御史花园）

图 4-67
解围（陈御史花园）

图 4-68
解围（陈御史花园）

图 4-69	
图 4-70	图 4-71
图 4-72	图 4-73

图 4-69
解围（陈御史花园）

图 4-70
解围（陈御史花园）

图 4-71
解围（拙政园）

图 4-72
赖婚（陈御史花园）

图 4-73
赖婚（陈御史花园）

图 4-74 | 图 4-75

图 4-74
赖婚（陈御史花园）

图 4-75
听琴（陈御史花园）

5. 赖简、酬简

张生因多日不见莺莺，害了相思病。趁红娘探病之机，托她捎信给莺莺，莺莺回信约张生月下相会。夜晚，小姐莺莺在后花园烧香，张生翻墙而入与其相见，莺莺因未支开红娘而临时变卦，并严词相责，致使张生病情愈发严重（图 4–76）。莺莺借探病为名，冲破藩篱到张生房中与他幽会（图 4–77、图 4–78）。

6. 拷红、送别

老夫人看莺莺神情恍惚，便怀疑他与张生有越轨行为。于是叫来红娘拷问，红娘无奈，只得说出实情，并替小姐和张生求情，劝老夫人成全（图 4–79）。老夫人无奈应允了二人的婚事，但要求张生必须进京赶考取得功名。莺莺在十里长亭摆下筵席为张生送行，她再三叮嘱张生休要“停妻再娶妻”，休要“一春鱼雁无消息”。（图 4–80、图 4–81）

7. 报第

张生考得状元，写信给莺莺以安其心。这时郑恒来到普救寺，捏造谎言说张生已被卫尚书招为东床佳婿。于是崔夫人再次将小姐许给郑恒，并决定择吉日完婚。恰巧成亲之日，张生衣锦还乡，征西大元帅杜确也来祝贺。真相大白，郑恒羞愧难言，含恨自尽，张生与莺莺终成眷属。（图 4–82）

图 4-76	图 4-77	
图 4-78		
图 4-79	图 4-80	图 4-81
图 4-82		

图 4-76
赖简（陈御史花园）

图 4-77
赖简（陈御史花园）

图 4-78
酬简（拙政园）

图 4-79
拷红（陈御史花园）

图 4-80
送别（陈御史花园）

图 4-81
送别（陈御史花园）

图 4-82
报第（拙政园）

第三节

神话仙佛故事木雕

一、瑶池集庆

瑶池是神话传说中的仙池，《史记·禹本纪》：“昆仑其高二千五百余里……其上有醴泉、瑶池。”《穆天子传》：“天子觞西王母于瑶池之上”。瑶池乃是西王母所居之仙境，传说每年三月三日西王母寿诞，群仙纷至沓来集会庆贺。“瑶池集庆”指高朋贵友齐来为长者祝寿（图 4–83）。

二、麻姑献寿

麻姑是中国传说中有名的女寿仙，仅次于西王母的地位。据晋葛洪《神仙传》载，麻姑为王方平之妹。王方平乃东汉桓帝时东海人，当过官，精通天文历法，以后弃官入山修道，成了仙人。麻姑年龄十八九，顶上作髻，其余之发垂至腰际，衣裳绚丽，光彩夺目，容貌极美，手指似鸟，自称已三睹沧海桑田。她能穿着木屐在水面上行走，还能掷米成丹砂。相传三月三日西王母寿诞举办蟠桃会，麻姑特在绛珠河畔用灵芝酿酒献给西王母，称“麻姑献寿”。图 4–84 麻姑肩荷盛着蟠桃的花篮，篮中盛着仙酒、花卉，有仙鹤随她去赴宴祝寿。图 4–85 麻姑肩抗蟠桃，腾云赴宴祝寿，仙鹿口衔灵芝伴行。

三、众仙仰寿

寿星，又称南极仙翁，是个秃顶广额、白须持杖的老人形象。每逢寿星寿诞之日，乘鹤架云而至。群仙仰视，颂祝长寿（图 4–86 ~ 图 4–88）。

四、指日高升

画面中人物为天官，《周礼》分设六官，以天官冢宰居首，总御百官。天官还指道教所奉三官的天官、地官、水官之一。“指日”，谓为期不远，三国魏曹植《应诏》诗：“弭节长骛，指日遄征。”唐韩愈《送进士刘师服东归》诗：“还家虽阙短，把日亲晨飧。”天官手指太阳，喻不久就要升官晋级（图 4–89）。

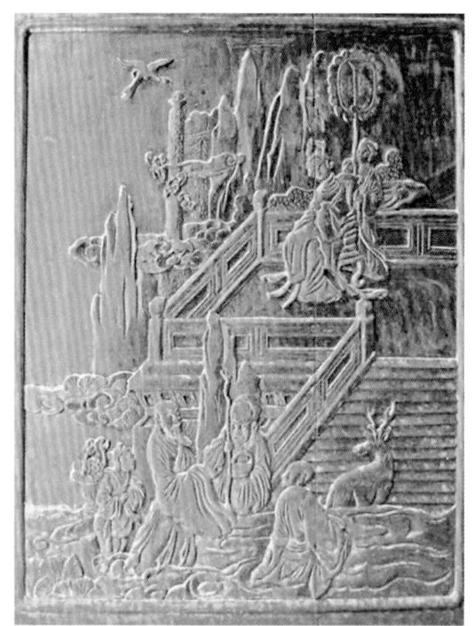

图 4-83	图 4-85
图 4-84	
图 4-86	图 4-87

图 4-83
瑶池集庆（严家花园）

图 4-84
麻姑献寿（狮子林）

图 4-85
麻姑献寿（陈御史花园）

图 4-86
众仙仰寿（严家花园）

图 4-87
众仙仰寿（忠王府）

图 4-88 众仙仰寿（忠王府）

图 4-89 “指日高升”木雕（严家花园）

五、刘海钓金蟾

民间传说的刘海，原是个穷人家的孩子，靠打柴为生。他用计收服了修行多年的三足金蟾，使其改邪归正，口吐金钱给需要帮助的人们，后来人们就把三足金蟾当成旺财的瑞兽，刘海也因此得道成仙，成为全真道祖师。刘海戏金蟾，金蟾吐金钱，他走到哪里，就把钱撒到哪里，救济了无数穷人，人们敬奉他，称他为“活财神”。

吉祥图案中刘海为蓬头赤脚的童子，手持穿有金钱的绳索摇过头顶，引逗足下三足金蟾来戏耍的造型（图 4-90、图 4-91）。

图4-90 刘海钓金蟾（严家花园）

图4-91 刘海钓金蟾（春在楼）

六、八仙

八仙是道教供奉的八位散仙，他们都不受玉皇大帝的管辖。据说八仙分别代表中国人的男、女、老、少、富、贵、贫、贱等八个方面，是百姓人家共同喜好的神仙。八仙之名，明代以前众说不一，有汉代八仙、唐代八仙、宋元八仙，各不相同。至明代吴元泰小说《东游记》才确定。

图 4–92 分别是手拿宝扇的汉钟离、吹着洞箫的韩湘子、背着宝剑的吕洞宾和手执葫芦的铁拐李；图 4–93 分别是手执荷花的何仙姑、拿着鱼鼓的张果老、手执阴阳玉板的曹国舅及捧着花篮的蓝采和。

图4–92 八仙（春在楼）

图4–93 八仙（春在楼）

1. 铁拐李

铁拐李，又称李铁拐，相传原名李凝阳，遇太上老君得道。一日，他神游华山赴太上老君之约，嘱徒儿：七日不返可火化其身。可徒儿因母病急欲回家，六日即将其身火化。致使李凝阳第七日魂返无所归，乃附一跛脚乞丐尸体而起，蓬头垢面，袒腹跛足，又以水喷倚身竹杖变为铁拐。铁拐李常拄铁拐、背葫芦，游历人间，解人危难。（图 4–94、图 4–95）

图 4–94
铁拐李（拙政园）

图 4–95
铁拐李（陈御史花园）

2. 吕洞宾

吕洞宾，世称纯阳祖师，全真教奉为北五祖之一，八仙中最负盛名。形象为手持宝剑解救人间苦难的游侠（图 4-96、图 4-97）。

图 4-96　吕洞宾（拙政园）

图 4-97　吕洞宾（陈御史花园）

3. 汉钟离

汉钟离，原名钟离权。生有异相，一老者曾授以长生真诀、青龙剑法等，从此领悟玄旨，后点化吕洞宾。汉钟离与吕洞宾对神仙之道的问答，经施肩吾编为《钟吕传道集》行于世。汉钟离形象为手拿扇子，袒露大肚，乐呵呵的胖子，以突出其散仙的风度（图 4-98、图 4-99）。

图 4-98　汉钟离（拙政园）

图 4-99　汉钟离（陈御史花园）

4. 张果老

张果老，由唐代道士张果衍化而来，“鱼鼓频频传梵音”，传有长生秘术。自称是“尧时丙子年生”，“善于胎息，累日不食”。唐玄宗对他礼敬有加，授以银青光禄大夫，赐号“通玄先生”。《续神仙传》称：果“常乘一白驴，日行数万里”。（图 4-100、图 4-101）

图4-100 张果老（拙政园）

图4-101 张果老（陈御史花园）

5. 韩湘子

韩湘子，传为唐吏部侍郎韩愈之侄孙（一说侄子），爱吹箫，“紫箫吹度千波静”。《列仙全传》卷六载其遇吕洞宾而从游，登桃树堕死而尸解登仙。至宋代衍为道教神仙。（图 4-102、图 4-103）

图4-102　韩湘子（拙政园）

图4-103　韩湘子（陈御史花园）

6. 曹国舅

曹国舅，手执玉板，“拍板和声万籁清”。《列仙全传》卷七称其为宋曹太后之弟。因包庇其弟杀人被包拯治罪后隐居山岩，得遇汉钟离、吕洞宾，后精思慕道，引入仙籍。（图 4–104、图 4–105）

图 4–104　曹国舅（拙政园）

图 4–105　曹国舅（陈御史花园）

7. 蓝采和

蓝采和，常衣破蓝衫，行歌于城市乞索；持大拍板，常醉踏歌，似狂非狂。行则振靴言曰："踏歌蓝采和，世界能几何？红颜一椿树，流年一掷梭。"其形象时而为挎着花篮的姑娘，时而为俊美少年。（图 4-106、图 4-107）

图 4-106　蓝采和（拙政园）

图 4-107　蓝采和（陈御史花园）

8. 何仙姑

何仙姑，八仙之中唯一女仙。一夕梦神人教食云母粉，誓不嫁，常往来山顶，其行如飞。唐中宗景龙中，白日升天。（图 4–108、图 4–109）

图 4–108　何仙姑（拙政园）

图 4–109　何仙姑（陈御史花园）

七、和合二仙

“和合”是民间传说中象征团圆、和谐、吉庆的二位仙人，是掌管婚姻的喜神，别称“欢天喜地”。唐宋时奉祀的形象是“万回哥哥”，“其像蓬头笑面，身着绿衣，左手擎鼓，右手执棒”，也称和合之神。后来则转为喜庆之神，逐步由一神转变为二神。清雍正封唐代诗僧寒山、拾得为“和合二圣”，又称“和合二仙”。寒山捧盒（“盒”与“合”同音，取“合好”之意），拾得持荷花（“荷”与“和”同音，取“和谐”之意），取和谐合好之意。和合二仙是管和睦团聚之神。（图 4–110、图 4–111）

图 4–110
和合二仙（春在楼）

图 4–111
和合二仙（忠王府）

八、三星高照

三星指福、禄、寿三星，寓意幸福、富裕、长寿。三星造型是星辰崇拜的人格化（图 4–112）。苏州香山帮雕塑的福星形象以“天官样，耳不闻，天官帽，朵花立水江涯袍，朝靴抱笏五绺髯”为常格；禄神形象是“员外郎，青软巾帽，绦带绦袍，携子又把卷画抱”。寿星是“绾冠玄鳖系素裙，薄底云靴，手拄龙头拐杖”。

九、天女散花

天女散花又叫仙女散花，即仙女云中飞舞散花，取自《维摩经·观众生品》：时维摩诘室中有一天女，以天花散诸菩萨，悉皆堕落，至大弟子，便著身不堕，天女曰："结习未尽，故花著身。"后多形容抛洒东西或大雪纷飞的样子，这里寓意春满人间，吉庆常在。（图 4–113）

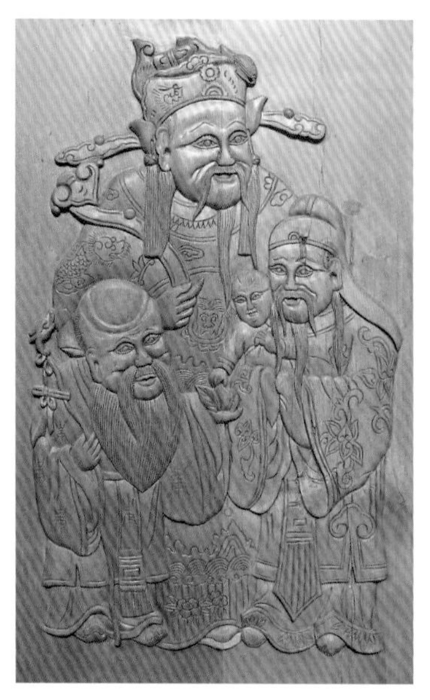

图 4–112 | 图 4–113

图 4–112
"三星高照"木雕
（陈御史花园）

图 4–113
天女散花
（陈御史花园）

十、钟馗看剑

据说，钟馗原是一位俊美少年，因赶考途中误入魔窟，遭群鬼的戏弄乃变丑形。君王殿试，嫌其貌丑贬其状元，钟愤而自杀。

钟馗"死后为捉鬼大神，遍捉人间诸鬼"，他正直正义、忠于友谊，眷恋亲人。钟馗豹头环眼、铁面虬须，面目狰狞而威武逼人，形体佝偻却如龙似虎。清高其佩题写自绘的《钟馗看剑图》："朝天矫矫若游龙，谁道先生不美容？"（图 4–114）

图 4–114 钟馗看剑（忠王府）

十一、东方朔献寿

东方朔为西汉武帝时文人，怀文武之才。因为他机智诙谐，极调侃之能事，故民间传说中将东方朔逐渐仙化，成为谪仙。传说汉武帝生日，西王母前来祝寿，让东方朔献上一只玉盘，内藏仙桃七枚。可是为了长寿，东方朔却自己暗暗留下两枚，只把其中五枚献给了汉武帝。如此这般，东方朔也被奉为寿仙。

明朝苏州唐寅，字伯虎，曾画《东方朔偷桃图》，并题诗一首："王母东邻劣小儿，偷桃三度到瑶池。群仙无处追踪迹，却自持来荐寿卮。"图 4–115 东方朔手捧仙桃，面有笑容，后面有一仙手持羽毛扇看着这一切；图 4–116 童子肩背大仙桃，东方朔茂髯披胸，广袍长袖，快步前行，表达了人们祈盼健康长寿的良好愿望。

十二、牛郎织女

牛郎织女的故事是由牵牛、织女的星名衍化而来。《诗经》最早记载了织女星；《史记》中提到织女是天帝外孙女。而两星"恋情"萌发于东汉《古诗十九首・迢迢牵牛星》中，说他们"盈盈一水间，脉脉不得语"。

后来，牛郎织女的故事逐渐演变为神与人的相恋，其内容凄婉美丽且千古流传，成为我国四大民间爱情传说之一。（图 4–117）

十三、舍身饲虎

据说两个善良的王子结伴去山中游玩，行至一山坳，见有一母虎正在给七只小虎喂奶，小虎发出嗷嗷低鸣之声。原来母虎已骨瘦如柴，奄奄一息，虎仔们吮不出乳汁，便发出阵阵哀鸣，瘫趴在母亲的身旁。两王子不知何物可饲虎，不约而同脱下长袍，想舍身救虎。他们抓阄定夺谁去饲虎，"机遇"降给了小王子。只见小王子面带微笑走向虎群，以赤露之躯躺在虎口前，闭上双眼等虎来食。但虎不食活物，无动于衷。于是兄弟俩在地上插上了粗竹签，小王子遂从山崖纵身扑向竹签，顿时腹剖命殒，血溅群虎，母虎遂率虎仔们饱餐了一顿。（图4–118）

十四、一叶渡江

相传古代印度禅师达摩得佛法后，跋山涉水到中国传化。他经过长江时，只见水域茫茫，无桥无船无人影，遂顺手摘得一片荷叶（一说芦苇）放于江面上，然后踏在荷叶之上，似轻风飘然渡江。后广集僧徒，首传禅宗。自此，达摩便成为中国佛教禅宗的祖师。图 4–119 为达摩足踏荷叶，即"一叶渡江"。

图 4-115　东方朔献寿（忠王府）
图 4-116　东方朔献寿（狮子林）
图 4-117　牛郎织女（陈御史花园）

图 4-115 | 图 4-117
图 4-116

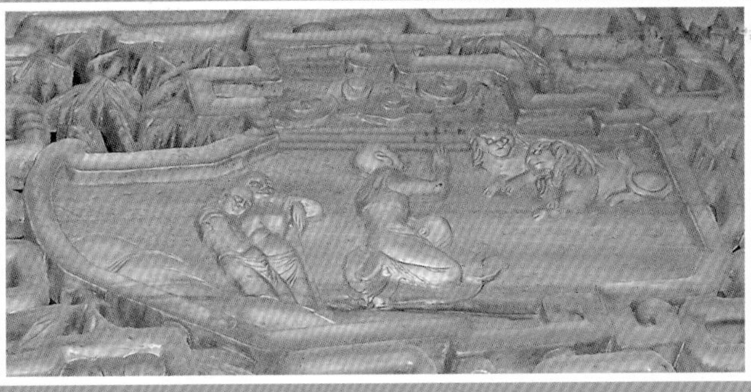

图 4-118
舍身饲虎
（寒山寺）

图 4-119
一叶渡江
（陈御史花园）

第五章

山水诗画木雕

苏州园林作为文人园林的代表，文化格调高逸。体现在建筑装饰上，虽然有大量的民俗文化装饰内容，但始终是俗中带雅，雅中蕴俗，难分难解。木雕中出现了许多山水诗画，乃纯为文人风雅之事。其中有以诗意点题的诗意画，也有将“有声画”和“无声诗”浅刻于一幅的诗画同体者，也有以诗意点题的诗意画，为园林渲染着浓郁的诗情画意。

第一节

诗意画木雕

诗和画号称姊妹艺术。唐人只说“书画异名而同体”[①]；《东坡居士画怪石赋》：“文者无形之画，画者有形之文，二者异迹而同趣”；“诗是无形画，画是有形诗”[②]，诗意画主要是有形诗。苏州园林将这类诗意画镌刻在厅堂裙板上，园景与诗境相互生发，美不胜收。

一、采菊东篱

陶渊明田园诗中最著名的《饮酒》其五：“结庐在人境，而无车马喧。问君何能尔？心远地自偏。采菊东篱下，悠然见南山。山气日夕佳，飞鸟相与还。此中有真意，欲辩已忘言。”

前四句说，只要心境旷远，就不会受到世俗的干扰。接着就说采菊东篱，不经意中目遇南山（即庐山），在暮岚紫霭、归鸟返飞之中，感受到造物的奥秘，参透了人生的真谛。尽管诗中明说“欲辩已忘言”，但南山的永恒、山气的美好、飞鸟的自由，不都体现了自然的伟大和自在自足无外求的本质吗？此诗展现了诗人超尘脱俗、毫无名利之念的精神世界：在自然的永恒、美好、自由中感受到自己生命的意义。而实际上，诗中的这种人生观说到底只是一种诗意的、哲理的

① 张彦远《历代名画记》卷一《叙画之源流》。

② 张舜民《画墁集》卷一《跋百之诗画》。

向往而已（图 5–1）。

二、江天高帆

南朝梁范云《之零陵次新亭》诗说：“江干远树浮，天末孤烟起。江天自如合，烟树还相似。沧流未可源，高帆去何已。”此诗写大江景色在诗人视觉中的综合形象：江天一色，浑然一片；远树迷蒙，像云烟一样轻淡，而云烟也像树林一样“浮”在江天相连之处。江水浩荡，难以穷其源，这只扬帆的小船也没有止歇的时候。满眼高帆，隐映画图中（图 5–2）。

图 5–1　采菊东篱（严家花园）

图 5–2　江天高帆（严家花园）

图 5–3　绝崖落泉（严家花园）

图 5–4　鸟鸣山幽（严家花园）

三、绝崖落泉

四周奇峰绝崖，巍峨雄浑，画面集雄奇、壮美于一体，“风经绝顶回疏雨，石倚危屏挂落泉”，水流清澈透明，其声清脆悦耳（图 5–3）。

四、鸟鸣山幽

有南朝梁王籍《入若耶溪》诗意境，运用寂处有声、以声显静的艺术手法，成功地创造出一个幽静、深邃、富有情趣的自然景色，宣扬世界的静止和安谧，颇富佛教禅意（图 5–4）。

五、秋江垂钓

这是无数画家笔下的一幅图：明前期浙派画的开创者和代表人物戴进有《秋江独钓图》；明唐寅有扇面画《秋江垂钓图》；明人王问《秋江垂钓图》题识曰：“幽人无能管，小艇闲垂钓，终日不得鱼，倚竿自吟啸。”画上秋水洋洋，一翁独钓，意境孤寂萧瑟，但也闲适自由（图 5–5）。

六、泉出幽岩

遥望胜水清波，自幽岩深翠间飞溅而下，经流万壑中，助奔腾之势；云山隐现，烟树迷离，遥岑浮黛，夜色苍凉；阴凹阳凸之间，日光云影之际，林密则浓荫锁麓，山高则薄雾横腰（图 5–6）。

七、深山怀古

人迹罕至的深山，“岩悬青壁断，地险碧流通。”[①] 很少被历史风云所浸染，保存着许多原始的风貌，没有被世俗所异化，引发了无数诗人的怀古情思。所以，“深山怀古”的题额会令人浮想联翩（图 5–7）。

八、谁剪岸柳

“谁剪岸柳”一句反问，使我们马上想到初唐贺知章脍炙人口的《咏柳》诗：“碧玉妆成一树高，万条垂下绿丝绦。不知细叶谁裁出，二月春风似剪刀。”杨柳千条万缕的垂丝，婀娜迷人意态，婷婷袅袅的风姿，极其风流可爱。原来，那都是视之无形的不可捉摸的“春风”这把“剪刀”裁制出来的。这正是自然活力的象征，是春给予人们美的启示。（图 5–8）

九、松风秋声

松风传雅韵，宋陆游描述为：“爱听松风自得仙”。明高启描述为“松风催暑去，竹月送凉来。”宋欧阳修《秋声赋》：“初淅沥以萧飒，忽奔腾而砰湃，如波涛夜惊，风雨骤至。其触于物也，鏦鏦铮铮，金铁皆鸣；又如赴敌之兵，衔枚疾走，不闻号令，但闻人马之行声。”用风声、波涛、金铁、行军四个比喻，声音从小到大，层层铺垫，形象地描绘了秋声。（图 5–9）

十、松岩临江

元王丹桂《临江仙》四首之三：“向晚嫩凉生户牖，松岩独坐楕颐。凭高一望彻天涯。孤城烟树惨，远浦片帆归。万里碧天澄似水，云闲不动毫厘。昭昭明月弄晴辉。圆光含法界，灵验射瑶池。”此词应为这幅木雕画最好的注解。（图 5–10）

① 唐陈子昂《白帝城怀古》。

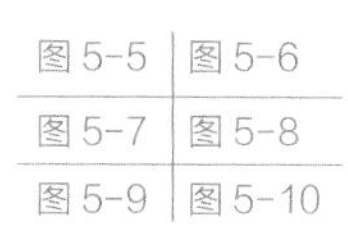

图5-5
秋江垂钓（严家花园）

图5-6
泉出幽岩（严家花园）

图5-7
深山怀古（严家花园）

图5-8
谁剪岸柳（严家花园）

图5-9
松风秋声（严家花园）

图5-10
松岩临江（严家花园）

十一、醉石叙旧

唐肃宗乾元二年（759 年），诗仙李白在长流夜郎的途中遇赦返回，到江夏时遇到当时任南陵县令的故人韦冰，两人对饮叙旧，即席赋诗。过得虎头岩，在鸣弦泉下，李白被自然风景所陶醉，又加上酒醉，遂醉卧在大石旁，于是，这块巨石也成了“醉石”。（图 5–11）

十二、池塘春草

南朝山水诗人谢灵运善于描摹江南的自然景色，刻画生动、细致、精巧。最为人欣赏的，是他久病初起时写的一首脍炙人口的诗《登池上楼》，其中“池塘生春草，园柳变鸣禽”两句，意象清新，浑然天成（图 5–12）。

十三、春日放艇

春日，“池北池南春水生，桃花深处好闲行。细思扰扰梦中事，何用悠悠身后名”；“临溪放艇依山坐，溪鸟山花共我闲”。宋朝诗人王安石诗中描述的中心意象，表达了向往山林的隐逸情趣（图 5–13）。

图 5–11　醉石叙旧（严家花园）

图 5–12　池塘春草（严家花园）

十四、拂水清泉

危岸如削、气势雄伟的山岩上飞流奔泻，似清泉四溢、凌空飘洒，极为奇观，犹如苏州常熟虞山的拂水岩，背依青山，南临碧湖，清钱谦益的拂水山庄就坐落其下（图 5–14）。

十五、碣石秋树

展现东汉末年曹操《步出夏门行》诗意。碣石山距渤海约十五公里，为燕山余脉，是古今观海之胜地。建安十二

图 5–13　春日放艇（严家花园）

图 5–14　拂水清泉（严家花园）

年（公元 207 年），魏武帝曹操征伐乌桓，回军途中，曾东临碣石，写下了《步出夏门行》这首千古流传的“碣石篇”：“东临碣石，以观沧海。水何澹澹，山岛竦峙。树木丛生，百草丰茂。秋风萧瑟，洪波涌起。日月之行，若出其中；星汉灿烂，若出其里。幸甚至哉！歌以咏志。”曹操登上碣石山顶，居高临海，视野寥廓，大海的壮阔景象尽收眼底。虽然已到秋风萧瑟，草木摇落的季节，但岛上树木繁茂，百草丰美，给人生意盎然之感，没有丝毫凋衰感伤的情调。这种新的境界，新的格调，反映了曹操“老骥伏枥，志在千里”的胸襟。（图 5–15）

十六、路出修篁

“路出修篁”是隐居者生活的幽雅环境（图 5–16）：“世人如要问生涯，满架堆床是五车。谷鸟暮蝉声四散，修篁灌木势交加。蒲葵细织团圆扇，薤叶平铺合遝花。”[1]

十七、山亭隐翠

山间览胜，隐翠新枝（图 5–17），此为唐宋之问《游韶州广界寺》之意境：“影殿临丹壑，香台隐翠霞。巢飞衔象鸟，砌蹋雨空花。宝铎摇初霁，金池映晚沙。”[2] 空寂、冲旷、闲淡，有悟得佛禅之道的意境。

图 5–15　碣石秋树（严家花园）

图 5–16　路出修篁（严家花园）

十八、岩下独宿

绿岩之下，远离尘嚣。虽无人造访，诗人却自得隐逸之趣（图 5–18）。唐代寒山有诗云：家住绿岩下，庭芜更不芟。新藤垂缭绕，古石竖巉岩。山果猕猴摘，池鱼白鹭衔。仙书一两卷，树下读喃喃。

图 5–17　山亭隐翠（严家花园）　图 5–18　岩下独宿（严家花园）

① 唐方干《题悬溜岩隐者居》见《全唐诗》卷 653_9。

②《全唐诗》卷 52_50。

第二节

唐代的“有声画无声诗”木雕

宋人称“终朝诵公有声画，却来看此无声诗”。[1] 将诗歌称作“有声画”，画称“无声诗”。宋孙绍远搜罗唐以来的题画诗，编为《声画集》；诗人吴龙翰所作序文里说：“画难画之景，以诗凑成；吟难吟之诗，以画补足。”[2] 苏州园林精选了唐代若干诗篇，将“有声画”和“无声诗”浅刻于一幅，读诗观画，催发出人们无限的想象空间。

一、《题破山寺后禅院》

清晨入古寺，初日照高林。
曲径通幽处，禅房花木深。
山光悦鸟性，潭影空人心。
万籁此都寂，唯余钟磬音。

唐常建诗的特点不以描摹和词藻惊人，而善于通过构思巧妙，引导读者在平易中入其胜境，然后体会诗的旨趣。这首诗从晨游山寺写起，描绘了破山寺旭日初升、光照山林的清幽景色，在山光潭影、钟磬余音之中使读者感受禅机熏陶，最后寄托诗人忘尘俗世的超脱之情。全诗兴象深微，意在言外，耐人寻味。“竹径通幽处，禅房花木深”一联意境尤其静净，后世文人称赞不已，宋代欧阳修曾说“欲效其语作一联，久不可得，乃知造意者为难工也”（图 5–19）。

二、《次北固山下》

客路青山外，行舟绿水前。
……
海日生残夜，江春入旧年。

此为唐代王湾千古名篇。“客路”，指作者要去的路。“青山”点题中“北固山”。作者乘舟，朝着展现在眼前的绿水前进，驶向青山之外遥远的客路。人在江南、神驰故里的飘泊羁旅之情，已流露于字里行间。“海日生残夜，江春入旧年”，此两句驰

①《宋诗纪事》卷五九引《全蜀艺文志》载钱鍪《次袁尚书巫山诗》。

② 参钱锺书《中国诗与中国画》。

誉当时，传诵后世。残夜还未消退，一轮红日已从海上升起；旧年尚未逝去，江上已呈露春意。“日生残夜”“春入旧年”，都表示时序的交替，是那样匆匆不可待，这怎不叫身在客路的诗人顿生思乡之情呢？旭日东升，春意萌动，诗人泛舟于绿水之上，继续向青山之外的客路驶去。（图 5–20）

三、《渡汉江》

岭外音书绝，经冬复立春。

近乡情更怯，不敢问来人。

这是唐宋之问从泷州（今广东罗定市）贬所逃归，途经汉江时写的一首诗。追叙贬居岭南蛮荒之地的痛苦，而最悲苦的是与家人音讯隔绝的精神折磨。

越接近家乡，忧虑和模糊的不祥预感，似乎马上就会被路上所遇到的某个人所证实。因此，“情更切”变成了“情更怯”，“急欲问”变成了“不敢问”。情致真切、耐人咀嚼。（图 5–21）

四、《回乡偶书・其一》

少小离家老大回，乡音无改鬓毛衰。

儿童相见不相识，笑问客从何处来。

贺知章在天宝三载（公元 744 年）辞官返乡时已八十六岁，离乡已有五十多个年头了。人生易老，世事沧桑。当年离家，风华正茂；今日返归，鬓毛疏落，不禁感慨万千。前两句是从充满感慨的一幅自画像，后两句则转为富于戏剧性的儿童笑问场面。儿童淡淡一问，言尽而意未止，全诗就在这有问无答处悄然作结，而弦外之音却如空谷传响，久久不绝。（图 5–22）

五、《回乡偶书・其二》

离别家乡岁月多，近来人事半消磨。

唯有门前镜湖水，春风不改旧时波。

唐贺知章离家日久，家乡人世沧桑、物是人非，但风景依旧。门前的镜湖在出风的吹拂下，依然同往日一样荡漾着碧波，诗人的感慨显得愈益深沉了。（图 5–23）

图 5-19
《题破山寺后禅院》
（严家花园）

图 5-20
《次北固山下》（严家花园）

图 5-21
《渡汉江》（严家花园）

图 5-22
《回乡偶书 · 其一》（严家花园）

图 5-23
《回乡偶书 · 其二》（严家花园）

图 5-19	图 5-20
图 5-21	图 5-22
图 5-23	

六、《莲花坞》

> 日日采莲去，洲长多暮归。
> 弄篙莫溅水，畏湿红莲衣。

此诗出自唐王维《皇甫岳云溪杂题五首》。日日采莲劳作，天天早出晚归，这是十分辛苦的事，然而诗中的采莲人自有他们的生活乐趣。“弄篙莫溅水，畏湿红莲衣”，形象生动地展现了采莲人对莲花的珍爱与怜惜，以及他们热爱平常生活、珍惜美好事物的情操。诗中流淌的是诗人悠然的闲情逸致。（图 5–24）

七、《渭城曲》

> 渭城朝雨浥轻尘，客舍青青柳色新。
> 劝君更尽一杯酒，西出阳关无故人。

这是唐王维写的一首送朋友去边疆的诗。清晨，朝雨乍停，道路洁净如洗，渭城客舍周围、驿道两旁的柳树更显青翠。柳是离别的象征，折柳送别，令人黯然销魂；而“杨柳依依”，又是依恋家乡的意象。但一场朝雨，扫除了双方心头的阴霾，一切变得清新明朗，轻柔明快。

朋友“西出阳关”，不免备尝独行穷荒的艰辛寂寞。“劝君更尽一杯酒”，就像是浸透了诗人全部丰富深挚情谊的一杯浓郁的感情琼浆。“西出阳关无故人”，临别依依，千言万语，尽蕴其中。（图 5–25）

图 5–24 | 图 5–25

图 5–24
《莲花坞》（严家花园）

图 5–25
《渭城曲》（严家花园）

八、《鸟鸣涧》

人闲桂花落，夜静春山空。

月出惊山鸟，时鸣春涧中。

王维这首诗描绘了一幅静谧恬淡的春山良夜图，诗中以“人闲”为情感核心，通过花落、月出、鸟鸣这些景物，以动写静，突出地显示了春涧的幽静，使此诗显得富有生机而不枯寂。（图 5-26）

九、《静夜思》

床前明月光，疑是地上霜。

举头望明月，低头思故乡。

唐李白的这首诗写远客思乡：在月白霜清的秋夜，庭院寂寥，独自难眠。皎洁月光透过窗户照到床前，带来了秋宵寒意。诗人在迷离恍惚中，只见地上竟如铺了一层白皑皑的浓霜；可是再定神一看，四周围的环境告诉他，这不是霜痕，而是月色。月色吸引着他抬头望去，秋夜的太空是如此的明净！“千里共婵娟”的明月，最容易触动旅思秋怀，诗人鲜明地勾勒出一幅生动形象的月夜思乡图。（图 5-27）

图 5-26 《鸟鸣涧》（严家花园）

图5-27 《静夜思》（严家花园）

十、《独坐敬亭山》

众鸟高飞尽，孤云独去闲。

相看两不厌，只有敬亭山。

唐李白此诗写独坐敬亭山时的情趣：天上一群鸟儿高飞远走，直至无影无踪；寥廓的长空还漂浮着一片白云，却也不愿停留，且慢慢地越飘越远；似乎世间万物都在厌弃诗人，只剩下诗人和敬亭山了。诗人凝视着秀丽的敬亭山，而敬亭山似乎也善解人意，默默地深情地注视着诗人，诗人和敬亭山达到主客互融的最高境界。（图 5–28）

十一、《早发白帝城》

朝辞白帝彩云间，千里江陵一日还。

两岸猿声啼不住，轻舟已过万重山。

唐代诗人李白在曙光初灿的时刻，怀着兴奋的心情匆匆告别白帝城。“彩云间”，衬出白帝城地势之高。“千里”和“一日”，以空间之远与时间之短作悬殊对比，隐隐透露出遇赦的喜悦。古时长江三峡“常有高猿长啸”，画面上轻舟快速穿行于山峦间的江水中。（图 5–29）

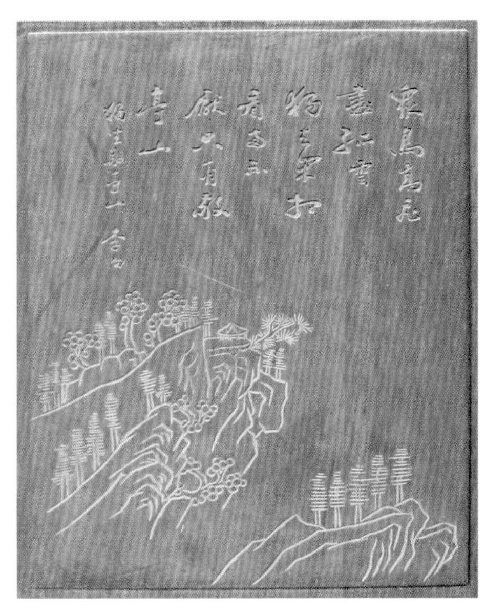

图 5-28 《独坐敬亭山》（严家花园）

图 5-29 《早发白帝城》（严家花园）

十二、《访戴天山道士不遇》

犬吠水声中，桃花带露浓。
树深时见鹿，溪午不闻钟。
野竹分青霭，飞泉挂碧峰。
无人知所去，愁倚两三松。

戴天山，又名大康山或大匡山，在今四川省江油市。唐李白此诗写访道士不遇，全诗重在写景，一路上，泉水淙淙，犬吠隐隐，桃花带露，浓艳耀目。诗人缘溪行于这超尘拔俗的世外桃源，穿行在深林，但唯见到出没的麋鹿，却听不到钟声。来到道院前，只见融入青苍山色的绿竹与挂上碧峰的飞瀑。造访不遇，诗人站在松下凝望着高山。（图 5-30）

十三、《从军行七首·其四》

青海长云暗雪山，孤城遥望玉门关。
黄沙百战穿金甲，不破楼兰终不还。

唐代边塞诗人王昌龄是“七绝圣手”。前两句，成次第展现了一幅东西数千里的边防形势长卷：青海湖上空长云弥漫；北面是横亘着绵延千里的隐隐的雪山；越过雪山，是矗立在河西走廊荒漠中的一座孤城；再往西，就是和孤城遥遥相对的军事要塞——玉门关。戍边将士生活的孤寂、艰苦和所担负的任务的自豪感、责任感，都融进在这悲壮、开阔而又迷蒙暗淡的景色里。（图 5-31）

图 5-30 | 图 5-31

图 5-30
《访戴天山道士不遇》
（严家花园）

图 5-31
《从军行七首 · 其四》
（严家花园）

十四、《宿建德江》

移舟泊烟渚，日暮客愁新。
野旷天低树，江清月近人。

唐孟浩然这首诗抒写羁旅之思。行船停靠在江中一个烟雾朦胧的小洲边，日落黄昏，江面上水烟蒙蒙。众鸟归林、牛羊下山的日暮时分，那羁旅之愁又蓦然而生。放眼望去，远处的天空显得比近处的树木还要低，高挂在天上的明月，映在澄清的江水中。诗人在这广袤而宁静的宇宙之中，经过一番上下求索，终于发现了还有一轮孤月此刻和他是那么亲近！这情景相生、思与境谐的自然流出之中，显示出一种风韵天成、淡中有味、含而不露的艺术美。（图 5-32）

十五、《望岳》

岱宗夫如何，齐鲁青未了。
造化钟神秀，阴阳割昏晓。
荡胸生层云，决眦入归鸟。
会当凌绝顶，一览众山小。

这首诗现存杜甫诗中年代最早的一首，字里行间洋溢着青年人所独有的蓬勃朝气。全诗紧扣“望”字，写诗人远望泰山之景，距离自远而近，时间从朝至暮。图中“会当凌绝顶，一览众山小”为最后两句，写由望岳而产生的登临意愿，蕴含着诗人不怕困难、敢于攀登绝顶、俯视一切的雄心壮志和峥嵘气骨，也透露出诗人非凡的抱负和理想。（图 5–33 ）

图 5-32 | 图 5-33

图 5-32
《宿建德江》（严家花园）

图 5-33
《望岳》（严家花园）

十六、《春行寄兴》

宜阳城下草萋萋，
涧水东流复向西。
芳树无人花自落，
春山一路鸟空啼。

唐李华这首景物小诗，写春天经过宜阳时，观景有感，以诗抒怀。诗中虽然写的是绿草、芳树、山泉、鸟鸣，但是却以“萋萋”“自落”“空啼”等词语修饰，衬托出诗人国破山河在、花落鸟空啼的凄凉愁绪。（图 5-34）

十七、《逢入京使》

故园东望路漫漫，双袖龙钟泪不干。
马上相逢无纸笔，凭君传语报平安。

唐岑参这首诗写在路上遇见回京的使者，走马相逢，没有纸笔，请他捎句话给家人不要挂念，既表达了有对故园相思眷恋的柔情，也表现了诗人开阔豪迈的胸襟。整首诗语言不假雕琢，信口而成，诚挚感人。（图 5-35）

图 5-34 《春行寄兴》（严家花园）

图 5-35 《逢入京使》（严家花园）

十八、《遗爱寺》

弄石临溪坐，寻花绕寺行。

时时闻鸟语，处处是泉声。

唐白居易的这首诗可谓闲适愉快：在溪边坐着玩一玩小石头，闻到花香，就绕过山寺寻找山花。鸟语花香，泉水叮咚，大自然多么美好！石、溪、花、鸟、泉等多种自然景物有机地组合在一起，描绘了一幅清新秀丽、生机勃勃的图画，同时又充溢着一种流动的、活泼的诗意。（图 5-36）

十九、《草》

离离原上草，一岁一枯荣。

野火烧不尽，春风吹又生。

远芳侵古道，晴翠接荒城。

又送王孙去，萋萋满别情。

唐白居易这首诗既是咏物诗，也是寓言诗。“野火烧不尽，春风吹又生”，如此“韧劲”，有口皆碑，成为传之千古的绝唱。（图 5-37）

图 5-36 《遗爱寺》（严家花园）

图 5-37 《草》（严家花园）

二十、《秋风引》

何处秋风至，萧萧送雁群。

朝来入庭树，孤客最先闻。

唐刘禹锡这首诗表达了羁旅之情和思归之心。先以“秋风”为题，并就题发问，摇曳生姿；接着写耳萧萧风声和雁群，秋风始至、鸿雁南来；笔触再移向地面上的“庭树”，然后聚焦到独在异乡的“孤客”，由远而近，步步换景。图中诗人扶杖伫立小桥，抬头凝望南飞的大雁，但画面上看不到大雁，或许已经飞过，从而更添离愁。（图 5–38）

二十一、《秋夜寄邱员外》

怀君属秋夜，散步咏凉天。

空山松子落，幽人应未眠。

韦应物这首诗，写自己因秋夜怀人而徘徊沉吟的情景，并想象所怀的人这时也在怀念自己而难以成眠。隐士常以松子为食，因而到了松子脱落的季节即想起对方。一样秋色，异地相思。着墨虽淡，韵味无穷。全诗以其古雅闲淡的风格美，给人玩味不尽的艺术享受。（图 5–39）

图 5–38　《秋风引》（严家花园）

图 5–39　《秋夜寄邱员外》（严家花园）

二十二、《滁州西涧》

独怜幽草涧边生，上有黄鹂深树鸣。
春潮带雨晚来急，野渡无人舟自横。

唐韦应物的这首诗很有意境：暮春之际，诗人闲行至西涧，但见一片幽草萋萋。幽草虽然不及百花妩媚娇艳，但它那青翠欲滴的身姿，那自甘寂寞、不肯趋时悦人的风致，自然而然地赢得了诗人的喜爱。傍晚时分，春潮上涨，春雨淅沥，西涧水势顿见湍急。郊野渡口此刻愈发难觅人踪，只有空舟随波纵横。（图 5–40）

二十三、《题诗后》

两句三年得，一吟双泪流。
知音如不赏，归卧故山秋。

唐贾岛，诗名与孟郊齐名。他的诗精于雕琢、清奇凄苦，是著名的苦吟派诗人，人称“诗囚”。从此诗可以看出他吟诗是多么苦！（图 5–41）

二十四、《题李凝幽居》

闲居少邻并，草径入荒园。
鸟宿池边树，僧敲月下门。
过桥分野色，移石动云根。
暂去还来此，幽期不负言。

唐贾岛诗歌往往缺乏完整的构思，却能炼字铸句，以片言只语取胜。全诗只抒写了作者走访友人未遇这样一件寻常小事。却以“鸟宿池边树，僧敲月下门”一联著称，成为历来传诵的名句。据说，贾岛骑在驴上，忽然得句“鸟宿池边树，僧敲月下门”，初拟用“推”字，又思改为“敲”字，在驴背上引手作推敲之势，不觉一头撞到京兆尹韩愈的仪仗队，随即被人押至韩愈面前。贾岛便将作诗得句下字未定的事情说了，韩愈不但没有责备他，反而立马思之良久，对贾岛说：“作‘敲’字佳矣。”这样，两人竟做起朋友来。

诗中的草径、荒园、宿鸟、池树、野色、云根，都为寻常之景；闲居、敲门、过桥、暂去等，也为寻常之事，却道出了人所未道之境界，语言质朴而又韵味醇厚。（图 5–42）

图 5-40 《滁州西涧》(严家花园)

图 5-41 《题诗后》(严家花园)

图 5-42 《题李凝幽居》(严家花园)

二十五、《昌谷北园新笋四首》

箨落长竿削玉开，君看母笋是龙材。
更容一夜抽千尺，别却池园数寸泥。

唐李贺爱竹，此诗借写新笋托物言志。竹壳片片剥落，竹笋抽节生长，其内质晶莹，似雕琢的碧玉。如此美好的新笋，母笋一定是“龙材”。新笋一夜之间拔节挺长千尺，脱却尘泥直插青云。诗人有新笋般内在，却命途多舛，可这并没有泯灭他拔地上青云的志愿。(图 5-43)

图 5-43 《昌谷北园新笋四首》(严家花园)

二十六、《咸阳值雨》

咸阳桥上雨如悬，万点空蒙隔钓船。
还似洞庭春水色，晓云将入岳阳天。

唐温庭筠这首对雨即景之作，意象绵渺，别具特色。咸阳桥是通往西北的交通孔道，诗人徜徉雨中，周围迷

图 5-44 《咸阳值雨》(严家花园)

蒙的烟雨之外，若隐若现的是“钓船”，描绘了一派清旷迷离的山水图景。接着从咸阳的雨景，一下转到了洞庭的春色。用壮阔清奇的岳阳天，来烘托咸阳的雨景，使它更为突出。(图 5-44)

二十七、《古别离》

> 欲别牵郎衣，问郎游何处。
> 不恨归日迟，莫向临邛去。

唐孟郊的这首诗展现离别的情景：妇人牵着即将远别的丈夫衣衫，问“郎今到何处”？而最担心的去处是临邛。临邛，即今四川省邛崃市，也就是汉代司马相如在客游中与卓文君相识相恋之地。这里用以借喻男子觅得新欢之处。情深意挚，质朴自然，亦用心良苦。(图 5-45)

二十八、《枫桥夜泊》

> 月落乌啼霜满天，
> 江枫渔火对愁眠。
> 姑苏城外寒山寺，
> 夜半钟声到客船。

唐张继这首脍炙人口的诗歌，记叙夜泊枫桥的景象和感受。首写所见（月落），所闻（乌啼），所感（霜满天）；次写枫桥附近的景色和愁寂的心情；再写客船卧听古刹钟声。桥、树、水、寺，钟声，诗化为一幅情味隽永幽静诱人的江南水乡夜景图。枫桥和寒山寺因此成为千古名胜。(图 5-46)

图5-45 《古别离》(严家花园)

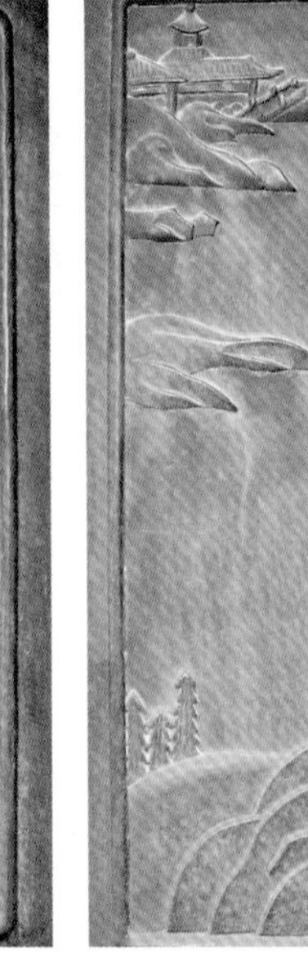

图5-46 《枫桥夜泊》(严家花园)

二十九、《春闺思》

袅袅城边柳，青青陌上桑。

提笼忘采叶，昨夜梦渔阳。

张仲素，是为贞元进士，擅写乐府诗。唐代边境战争频仍，后来又加上安史之乱，给人民带来了极大的痛苦。此诗写征人妻子对丈夫的思念之情：提竹笼而立，却忘了采摘桑叶，好似一幅纯洁美丽的雕像，原来是夜里梦见了在渔阳征戍之地服役的丈夫。柳树袅袅，依依可人，陌上的桑叶，青翠欲滴，一派郊野的春光。诗人并借陌上采桑罗敷女的故事，含蓄地表达了女主人公对丈夫的忠贞不二。(图5-47)

三十、《离骚》

天问复招魂，无因彻帝阍。

岂知千丽句，不敌一谗言。

此诗为晚唐隐逸诗人陆龟蒙所作。他的诗歌关注民生疾苦，继承了《离骚》中愤世嫉俗、哀歌人生的主题，并与唐末感伤诗相融汇，形成了更为强劲、慷慨的愤世文学。《天问》和《招魂》都是屈原的诗歌，屈原穷极呼天，写诗明志，但楚王依然相信谗言。(图 5-48)

图 5-47 《春闺思》(严家花园)

图 5-48 《离骚》(严家花园)

三十一、《啰唝曲》

那年离别日，只道往桐庐。
桐庐人不见，今得广州书。

唐刘采春，诗歌写夫婿逐利而去，行踪无定。长期分离加上归期难卜，愈行愈远。诗中女子只有空闺长守，一任流年似水，青春空负。(图 5-49)

三十二、《送灵澈上人》

苍苍竹林寺，杳杳钟声晚。
荷笠带夕阳，青山独归远。

唐刘长卿，全诗写诗人在傍晚送灵澈返润州（今江苏镇江）竹林寺时的心情（灵澈上人是中唐著名诗僧）。从苍苍山林中的灵澈归宿处，远远传来寺院报时的钟响。时已黄昏，灵澈戴着斗笠，披带夕阳余晖，独自向青山走去，渐行渐远。诗人伫立目送，依依不舍，意境闲淡清远，精美如画，为中唐山水诗的名篇。(图 5-50)

图 5-49 《啰唝曲》(严家花园)

图 5-50 《送灵澈上人》(严家花园)

三十三、《雨过山村》

雨里鸡鸣一两家，竹溪村路板桥斜。
妇姑相唤浴蚕去，闲看中庭栀子花。

唐王建这首诗，是富有诗情画意又充满劳动生活气息的山水田园诗（图 5-51）。雨里鸡鸣、竹溪村路、妇姑相唤、栀子花开，多么清新和谐的精致。雨浥栀子冉冉香，春深农忙无人采，妙机横溢，摇曳生姿，“心思之巧，词句之秀，最易启人聪颖”[1]。

三十四、《蜂》

不论平地与山尖，无限风光尽被占。
采得百花成蜜后，为谁辛苦为谁甜。

无论是平原田野还是崇山峻岭，凡是鲜花盛开的地方，都是蜜蜂的领地。唐罗隐这首诗歌歌颂蜜蜂为酿蜜而劳苦一生，“采得百花成蜜后”，自己享受甚少，“为谁辛苦为谁甜”？叙述反诘，唱叹有情，感慨无穷（图 5-52）。

①《唐诗别裁》卷八评张王乐府语。

图 5-51 《雨过山村》(严家花园)

图 5-52 《蜂》(严家花园)

三十五、《送人游吴》

君到姑苏见，人家尽枕河。

古宫闲地少，水港小桥多。

夜市卖菱藕，春船载绮罗。

遥知未眠月，乡思在渔歌。

晚唐诗人杜荀鹤的这首诗，再现了苏州旖旎的水乡风光，枕河人家，东方水城，鱼米之乡，丝绸之都，湖荡菱藕，都是水乡苏州的鲜明特色，这首诗也被一代一代传唱下去，千余年来神韵犹新（图 5-53）。

三十六、《兰溪棹歌》

凉月如眉挂柳湾，越中山色镜中看。

兰溪三日桃花雨，半夜鲤鱼来上滩。

唐戴叔伦的这首诗是浙江兰溪的渔民之歌：抬头仰望天空，秀朗的月亮如美人的眉毛挂在柳梢头；低头观看溪水，光泻兰溪，细绦弄影，如入仙境。春潮渔汛：一连三天的春雨，溪水猛涨；鱼儿调皮地涌上溪头浅滩，拨鳍摆尾，啪啪蹦跳，渔人的心底自然欢乐之情！淡淡几笔，如同一幅佳画。（图 5-54）

图 5-53 《送人游吴》(严家花园)

图 5-54 《兰溪棹歌》(严家花园)

三十七、《咏田家》

父耕原上田，子斫山下荒。
六月禾未秀，官家已修仓。

此诗描写农家父子辛勤劳作，然而六月禾苗还没有吐穗，官府已经着人修建粮仓。唐聂夷中的诗不着议论，仅仅将一个个镜头进行切换，只说是修仓。淡淡几笔，暗示出农民的艰苦劳动成果将要被官府掠夺一空，手法十分高妙。(图 5-55)

三十八、《乐游原》

向晚意不适，驱车登古原。
夕阳无限好，只是近黄昏。

李商隐身处在日薄西山的晚唐，空有满腔抱负，但都无法施展。傍晚时分，诗人心情抑郁，驾着车登上古老的郊原。夕阳下的景色无限美好，只可惜接近黄昏。无力挽留那美好事物，深深的哀伤、无穷的慨叹尽涵其中。(图 5-56)

图 5-55 《咏田家》(严家花园)

图 5-56 《乐游原》(严家花园)

三十九、《悯农》

锄禾日当午，汗滴禾下土。
谁知盘中餐，粒粒皆辛苦。

炎炎烈日，滴滴汗珠，农夫的汗水滴在禾苗的土中。又有谁知道盘中的饭食，每一粒都是这样辛苦得来。唐李绅近似蕴意深远的诗句，凝聚了诗人无限的愤懑和真挚的同情。(图 5–57)

四十、《过野叟居》

野人闲种树，树老野人前。
居止白云内，渔樵沧海边。
呼儿采山药，放犊饮溪泉。
自着养生论，无烦忧暮年。

马戴生活于中晚唐之交的动荡年代，会昌四年进士及第，终官太学博士。其诗很为时人及后世所推崇，尤以五言律诗著称。此诗写了农民、渔夫、采樵放牧等人的活动，展开了一幅山野溪间海边的广阔画面。(图 5–58)

图 5-57 《悯农》（严家花园）

图 5-58 《过野叟居》（严家花园）

第三节

山水人物画木雕

不下厅堂而享受山水之乐，这是苏州园林主人的理想追求。苏州园林厅堂的前后都有小院或天井，通透开朗，便于阴气外出，阳气入内，符合生态科学；厅堂的窗户朝南一面都设落地长窗，长窗洞开，可以垂直至九十度，院里的山水扑进眼帘。而且这些窗户，可以随意拆卸，与院内山水花木的交流更无视线的障碍。园主们为了关起窗户依然能看到山水，所以落地窗、半窗等裙板上还雕刻大量的山水画、山水人物画，供人们欣赏玩味。

一、山水画

山水画木雕纯为山水画面：图 5-59 画面上远山一抹，如意状的祥云舒卷，近处流水潺潺，曲桥委屈，垂柳依依，松树挺拔；图 5-60 是松树、垂柳、青山、祥云；图 5-61 仅有山水和松树，大气而秀丽。图 5-62 为垂柳、太湖石，圆月门、围墙和水榭；图 5-63 枫树从围墙内伸出，外面水阁垂柳，远处山亭；图 5-64 画面上的建筑是有穹顶的异国风情建筑，点缀着枫树、曲桥。图 5-65 和图 5-66 是网师园梯云室落地长窗裙板上的雕刻，主人关起长窗，在室内仍可欣赏山水美景。

图 5-59 山水画（网师园） 图 5-60 山水画（网师园）
图 5-61 山水画（网师园） 图 5-62 山水画（网师园）
图 5-63 山水画（网师园） 图 5-64 山水画（网师园）

图 5-59	图 5-60
图 5-61	图 5-62
图 5-63	图 5-64

下面五幅裙板画非常华丽，可惜被浓浓的油漆所掩。中间的画面上都有华屋高阁，有的是单独一幢独院，点缀有拱桥、垂柳、松树，周边潺潺流水，较远处有山岩、草亭。外周两圈画框，内圈雕如意结和松鼠吃葡萄图案，希望如意多子多福；外圈饰夔龙纹或牡丹花纹，寄寓富贵绵绵、吉祥安康之意，带有比较浓厚的世俗生活趣味（图 5-65 ~ 图 5-69）。

图 5-65　山水画（网师园）　图 5-66　山水画（网师园）
图 5-67　山水画（网师园）　图 5-68　山水画（网师园）

图 5-65 | 图 5-66
图 5-67 | 图 5-68

图 5-69 山水画（网师园）

二、山水人物画

山水人物画木雕是在山水画中穿插少许人物活动的画面。

有风雅的文化活动：图 5-70 三人在岩松下的水边石上下棋，一马立于松下；图 5-71 书生松下纵情疾书，书童侍立一旁；图 5-72 画中人在松下弹琴；图 5-73 画中人尽情享受大自然的恩赐，在山水之间吟读。图 5-74 ~ 图 5-76 或在山中赏景，或在山下漫步，或扶杖老人与童子在山水边的枫柳树下。

有的是家庭生活的片段：图 5-77 夫妇带着幼子欣赏山水；图 5-78 母子行于山涧；图 5-79 主人悠闲与孩童戏耍；图 5-80 搀扶老人回到柳前山居；也有在屋前的小河边钓鱼的主人（图 5-81），展现了农耕社会一幅广阔的“渔樵耕读”风俗画。

图 5-70 山水人物画（拙政园）

图 5-71 山水人物画（拙政园）

图 5-72 山水人物画（拙政园）

图 5-73　山水人物画（拙政园）
图 5-74　山水人物画（拙政园）
图 5-75　山水人物画（拙政园）
图 5-76　山水人物画（拙政园）
图 5-77　山水人物画（拙政园）
图 5-78　山水人物画（拙政园）
图 5-79　山水人物画（拙政园）
图 5-80　山水人物画（拙政园）
图 5-81　山水人物画（拙政园）

图 5-73	图 5-74	图 5-75
图 5-76	图 5-77	图 5-78
图 5-79	图 5-80	图 5-81

第六章

器物符号木雕

器物符号本是无生命无意识的，但有些器物就是财富的象征；有些器物是仙佛人物手中的法器，具有神奇的力量；有些器物与其他物件的名称或者谐音组合成吉祥语，因而这些器物就作为吉祥物广泛地应用于苏州园林的木雕中。

第一节

花瓶、博古木雕

一、花瓶

由葫芦形演化而来的花瓶，有葫芦的平安、再生、多子和母爱等寓意，“瓶”与“平”同音，成为平安的象征，同时具有贤瓶、德瓶、如意瓶、吉祥瓶等美称。花瓶还是无量寿佛的手中持物，象征灵魂永生不死。瓶乃藏传佛教中用于改善环境、助缘调整的法物，过去多用于王宫寺庙，作为调整风水、改变气场、祈福增祥之物，所以也称宝瓶、观音瓶，表示智慧圆满不外漏。

木雕图案中的花瓶，常饰有如意、牡丹花、梅花、八卦图以及寿字、平安、富贵、连生贵子等字样，花瓶本身也有各种吉祥造型，如双鱼形、如意腿等。

图 6–1 牡丹花插在花瓶里，旁边摆放柿子果盘，喻平安富贵、事事如意。

图 6–2 花瓶内插孔雀翎（清代官帽饰物），象征翎顶辉煌，吉祥清净，福智圆满。

图 6–3 饰有荷花、莲蓬的花瓶，内插折枝牡丹，喻平安富贵、连生贵子。

图 6–4 花瓶内插着菊花，旁置梅花盆景，梅花为五福吉祥花，寓平安福寿之意。

图 6–5 双鲤鱼状的如意腿花瓶中插着月季花，象征四季平安、富贵有余，旁边点缀着“暗八仙”葫芦绶带，喻万代长青。

图 6–6 八卦图饰的如意腿花瓶内插荷花，右饰“暗八仙”荷花，喻和和美美、平安洁净。

图 6–7 饰草龙捧寿图案的如意腿花瓶，内插月季花，右置“暗八仙”花篮，内盛灵芝仙草，喻四季平安、长寿繁荣。

图 6–8 如意腿花架上置双鲤鱼花瓶，瓶中伸出三枝戟，戟上挂着磬，右边苹果果盘，左边寿石上菊花盛开，后置多果盘景，喻吉庆有余，平升三级，平平安安，多子多寿。

图6–1	图6–2	图6–3
图6–4	图6–5	图6–6
	图6–7	图6–8

图6–1 花瓶（严家花园）
图6–2 花瓶（严家花园）
图6–3 花瓶（严家花园）
图 6–4 花瓶（留园）
图6–5 花瓶（耕荫堂）
图6–6 花瓶（耕荫堂）
图6–7 花瓶（耕荫堂）
图 6–8 花瓶（留园）

图 6–9 花瓶内插荷花、莲蓬，花架上是佛手盆景，地上摆放两个小盆景，喻平安有福，连生贵子。

图 6–10 右边是倒挂金钟，如意腿凳子上花瓶内插盛开的牡丹，象征钟鸣鼎食，富贵如意。

图 6–11 寿桃形花瓶内插菊花，右为寿字鼎，麒麟盖上麒麟吐瑞，喻意平安长寿。

图 6–12 花架上插着菊花的花瓶和右边的宝鼎，喻健康长寿，平平安安。

图 6–13 花瓶内插折枝玉兰，一旁麒麟口吐佛手，玉兰象征子孙优秀，佛手象征幸福，有平安有福、后嗣优秀之寓意。

图 6–14 富贵鼎内长着灵芝，象征平安的花瓶内插多籽折枝花，喻平安多子，富贵长寿。

图 6–15 花瓶内插折枝牡丹，右边麒麟吐瑞，喻平安富贵。

图 6–16 花瓶内插竹子，一幼儿坐在右边寿石之上，左边大寿石上长有一株寿桃，下置两盆万年青，前方有松鼠在吃葡萄，喻竹报平安，长寿多子。

图 6–17 既有插着菊花的花瓶，又有卷轴形双鹤画屏，两小儿举圆盘站在石凳子上，象征平安长寿，多子多福。

图 6–9	图 6–10
图 6–11	图 6–12

图 6–9
花瓶（留园）

图 6–10
花瓶（忠王府）

图 6–11
花瓶（忠王府）

图 6–12
花瓶（忠王府）

图6-13	图6-14
图6-15	图6-16
图6-17	图6-18

图 6-13
花瓶（忠王府）

图 6-14
花瓶（忠王府）

图 6-15
平安有福（忠王府）

图 6-16
花瓶（留园）

图 6-17
花瓶（留园）

图 6-18
花瓶（严家花园）

图 6-18 插着柿子的花瓶和装有苹果的果盘，喻平平安安，事事如意。

二、博古

北宋大观年间，徽宗命王黼等编绘宣和殿所藏古器物，成《宣和殿古图》三十卷。后人遂图绘古器物或模仿古代款式的各种器物造型，如古瓶、玉器、鼎炉、书画和一些吉祥物配上盆景、花卉等各种优雅高贵的摆件，即成博古。博古器物琳琅满目、古色古香，寓意清雅、高洁、吉祥，给人以美的享受。

图 6-19 博古木雕中，有插着月季花的花瓶，衣服架上挂着象征做官的花翎帽子，下坠一串珠子，喻四季平安，翎顶辉煌。

图 6-20 博古木雕中，茶几左右的两个花瓶中均插柿子、鸡冠花、佛手与荷叶，正中果盆中装着苹果，象征事事如意，幸福和睦，加官（冠）晋爵，平平安安。

图 6-21 博古木雕正中仙壶，象征蓬壶，即传说中的海中神山仙景；两边龙头拐杖挑着的花篮、画轴，寿桃、蝙蝠等喜庆吉祥物点缀其间，寓蓬壶集庆之意。

图 6-22 博古木雕中，左右两个花瓶中均插月季花，中间是仙壶，双鹤并侍，有蓬壶集庆、四季平安之意。

图 6-23 博古木雕正中仙壶，两根龙头拐杖挑着磬，古钱、彩灯、苹果点缀其间，使画面更为丰富，有蓬壶集庆、平平安安之意。

图 6-24 博古木雕中，有寿桃形的双灯，左右两个花瓶中分别插着灵芝和柿子，象征平安长寿，事事如意。

图 6-25 博古木雕中，摆着翎顶形卍字香炉，别致的贝叶上安卧山羊，象征吉祥；左有荷花与盒子，象征“和合”。

图 6-26 博古木雕中，摆着团寿香炉，右有如意、万年青，左边挂磬，喻长寿如意，吉庆万年。

图 6-27 博古木雕中，有插着牡丹花的花瓶，周边的公鸡壶、福字爵及如意组合的画面，喻平安富贵，加官晋爵，吉祥如意。

图 6-28 云雷纹博古架上，有插着梅花的花瓶、寿桃、元宝及驮着万年青的大象，蝙蝠、书函、棋盘和香炉等点缀其间，有幸福、富贵、长寿、万象更新等寓意。

图 6-29 博古木雕中，花瓶内插牡丹花，旁有琴、棋、竹子、石榴、灵芝、寿桃、水仙等，有吉祥如意、多子多寿、平安富贵等涵义。

拙政园玉壶冰组图（图 6-30 ~ 图 6-42），裙板上精美的博古木刻，刻工细腻，内涵风雅。

图 6-30 博古木雕中，主体是盆栽的鸡冠花，旁有仙鹿吐瑞；鸡冠花喻升官，仙鹿象征长寿，画面有加官晋爵、长寿祥瑞等涵义。

图 6-31 博古木雕中，荷瓣花瓶内插佛手、画卷、拂尘、磬等，下置万年青、水仙花盆景，酒壶及萝卜等物点缀烘托。其中“萝卜”与“摞拨”谐音，有“广摞财富”的吉祥意义，象征和合吉庆、长寿富贵、清雅洁净。

图 6-32 博古木雕中，花瓶内插菊花、拂尘、画卷，兽头上挂着古钱，盆栽牡丹，宝葫芦中吐出了祥云，云中鹤舞翩翩，营造着世外仙境。但牡丹花盆景和酒爵又透露了人世希冀富贵的情怀。

图 6-19
博古（网师园）

图 6-20
博古（网师园）

图 6-21
博古（网师园）

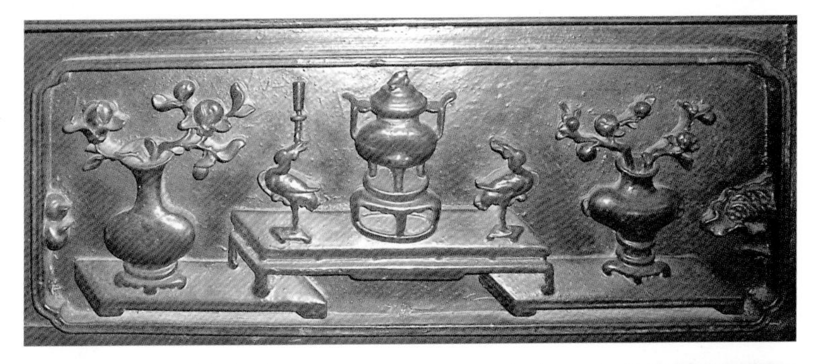

图 6-22
博古（网师园）

图 6-23
博古（网师园）

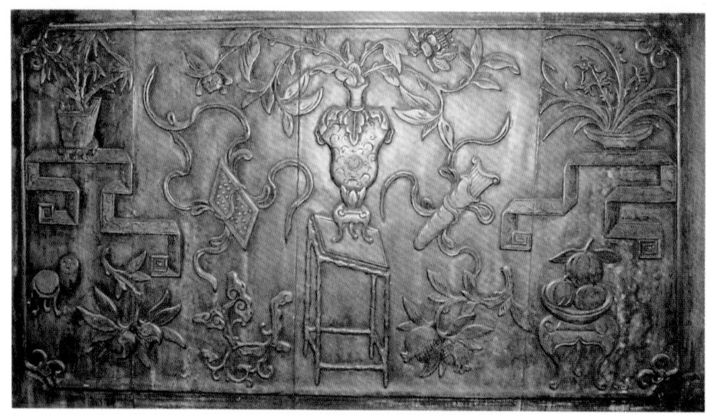

图 6-24　博古（网师园）　　图 6-25　博古（狮子林）
图 6-26　博古（狮子林）　　图 6-27　博古（春在楼）
图 6-28　博古（留园）　　图 6-29　博古（怡园）
图 6-30　博古（拙政园）

图6-24
图6-25 | 图6-26
图6-27 | 图6-28
图6-29 | 图6-30

图6-31 博古（拙政园）

图6-32 博古（拙政园）

图 6-33 博古木雕中，花瓶内插稻穗、柳条、灵芝，香炉吐着灵芝状云雾，右边一把酒壶，左边盆中摆放苹果、栀子花；“穗”与“岁”谐音，柳条祛邪，灵芝吉祥，壶暗含蓬壶仙景，苹果喻指平安，栀子花又名“同心”，整幅图案象征岁岁平安，健康长寿，家庭和睦。

图 6-34 博古木雕中，云雷纹花瓶中内插扇子、剑、拂尘、画卷，旁边有盆栽牡丹花及摆放的莲蓬、柿子等；扇子、剑都似仙家用物，扇者善也，剑斩心魔；拂尘为佛家拭尘之物，象征洁净；牡丹花代指富贵，莲蓬喻多子，柿子乃希冀事事如意，整幅画面喻平安富贵，事事如意，净心行善。

图 6-35 博古木雕中，雕有团寿、象、荷花瓣的花瓶内，插着象征净土的荷花、笔、如意，旁有菊花盆景及灵芝、佛手等。象、荷花、如意与佛教有关，代指佛家清净地；团寿、菊花、灵芝喻长寿；佛手喻“福”；“笔”与“必”谐音，取必定之意；即必定清净，幸福长寿。

图 6-36 博古木雕中，花瓶内插菊花、拂尘，旁置牡丹花与兰花盆景，苹果、画卷、酒壶等点缀其间，喻四季平安，健康长寿。

图 6-37 博古木雕中，三足酒杯内插月季花，花篮内放灵芝和多籽果，旁边点缀寿桃、橄榄、萝卜等物，喻四季平安，多子多寿。

图 6-38 博古木雕中，花瓶内插菊花，笔筒插着笔，另有古琴、书函、酒爵、柿子，喻琴书自乐，事事如意。

图 6-39 博古木雕中，荷花形花瓶内插月季花，旁置仙壶、寿桃、万年青，笔筒插着笔与拂尘，盆中放着灵芝，喻四季平安，长寿如意。

图 6-40 博古木雕中，云雷纹花瓶内插水仙，另有兰花盆景、菊花瓶、寿桃篮，旁置石榴、书函，喻平安长寿，多子多福。

图 6-41 博古木雕中，云雷纹花瓶内插菊花，另有带藤的豆荚及寿桃篮、寿石盆景，旁置石榴、香炉等物点缀，喻平安富贵，多子多寿。

图 6-42 博古木雕中，有插着月季花的花瓶，旁置万年青及兰花盆景，佛手、葫芦等点缀其间，喻四季平安，幸福万年等。

图6-33	图6-34
图6-35	图6-36
图6-37	
图6-38	

图6-33
博古（拙政园）

图6-34
博古（拙政园）

图6-35
博古（拙政园）

图6-36
博古（拙政园）

图6-37
博古（拙政园）

图6-38
博古（拙政园）

图 6-39
博古（拙政园）

图 6-40
博古（拙政园）

图 6-41
博古（拙政园）

图 6-42
博古（拙政园）

第二节

四艺木雕

琴棋书画，古称“四艺”，是历代文人雅士必须具备的技艺，也是他们钟爱的清雅生活的主要内容。“四艺”是中国传统文化的重要组成部分，是知识广博与修养高雅的象征。

一、琴棋

琴指七弦琴，始于周，代表人物春秋时期伯牙；棋指围棋，代表人物三国时赵颜；“琴棋”象征物为古琴和棋盘。在实际的图案中，抚琴、弈棋或手持琴、棋盘者都表示“琴棋”。

1. 琴

图 6–43 童子怀抱古琴，老者似在讲解；图 6–44 古琴装在琴囊中，周边绶带飘舞。

2. 棋

图 6–45 子手持围棋盘，老者似在点拨；图 6–46 为棋盘与绶带的组合。

图 6–47 两仙翁在寿桃形窗下弈棋，上下祥云，仙气飘飘。图 6–48 两人对弈，兴致正浓。

3. 琴棋

图 6–49 画面上一官人模样者双手抚琴，同伴手持棋盘；图 6–50 圆窗内可见老者抚琴，窗外书童手捧棋盒。图 6–51 裙板上有琴、棋、花瓶、酒壶、石榴、龙头拐杖，象征“琴棋书画诗酒花”等清雅生活和敬老传统。

图 6–43
琴（狮子林）

图 6–44
琴（春在楼）

图 6–45
棋（狮子林）

图6-46	图6-47
图6-48	
图6-49	图6-50
图6-51	

图 6-46
棋（春在楼）

图 6-47
棋（陈御史花园）

图 6-48
棋（忠王府）

图 6-49
琴棋（留园）

图 6-50
琴棋（忠王府）

图 6-51
琴棋（狮子林）

二、书画

书，指文化载体的书籍。一说指中国书法，代表人物晋王羲之；画，指中国水墨画，代表人物唐王维，象征物为线装书和画卷。实际上，凡是读书、作画或手持画卷者都表示书画。

1. 书

图 6–52 为线装书函，外系飘舞绶带；图 6–53 老者手抚书函坐在水边沉吟，侍者拱手站立于后，祥云飘飘，枫树叶茂；图 6–54 书童手捧书函侍立，老者临水沉思；图 6–55 老者持杖行于山林中，书童肩扛书函随行；图 6–56 老者在教桌前幼童课读。

2. 画

图 6–57 书童怀抱画卷，老者持杖相随；图 6–58 两老者在水边欣赏展开的画卷；图 6–59 松下水边，老者从匣中取出画轴，书童手持画卷侍立于后。

3. 书画

书画木雕即书画合一木雕，顾名思义既有书又有画。图 6–60 画面中一人展开画卷，一人打开书册，旁有苍松、碧梧、灵芝等灵木花卉作背景；图 6–61 以书画为主的裙板上，点缀着砚屏、毛笔，还有一把斩除心魔的阴阳剑。

图 6–52　书（春在楼）

图 6–53　书（忠王府）

图 6–54　书（忠王府）

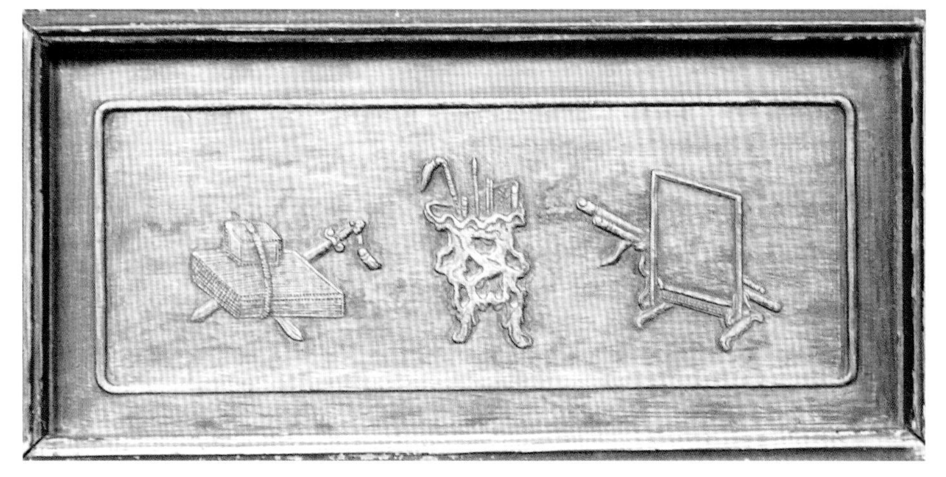

图 6-55 书（狮子林）　　图 6-56 书（忠王府）
图 6-57 画（狮子林）　　图 6-58 画（忠王府）
图 6-59 画（忠王府）　　图 6-60 书画（留园）
图 6-61 书画（狮子林）

图6-55 | 图6-57
图6-56
图6-58 | 图6-59 | 图6-60
图6-61

第三节

其他吉祥物木雕

“吉”，指善、利，“吉，无不利。”《易・系辞上》“礼仪顺祥曰吉。”“嘏以慈告，是谓大祥。”[1] 吉祥内容不外乎福、禄、寿、喜、财。

一、暗八仙

“暗八仙”是八位神仙所持器物组成的吉祥图案。因只见器物不见仙人，故称之为“暗八仙”，用以表示神仙降临，象征喜庆吉祥，有祝颂之意。

“暗八仙”分别指：铁拐李的葫芦、吕洞宾的宝剑（图 6–62）、汉钟离的宝扇、张果老的鱼鼓、韩湘子的洞箫（图 6–63）、曹国舅的阴阳玉板、蓝采和的花篮、何仙姑的荷花。也有的为八种法器集于一幅（图 6–64）。

① 《礼・礼运》。

图 6–62　暗八仙（留园）

图 6–63　暗八仙（留园）

图 6–64　暗八仙（严家花园）

二、如意

如意，也称“抓杖”。用骨、角、竹、木、玉、石、铜、铁等制成，长三尺许，前端作手指形。脊背有痒，手所不到，用以搔抓，可如人意，因而得名。也为佛具，记要点于上。《释家要览》：“如意之制，盖心之表也，古菩萨执之，状如云片。”道教盛行后，柄渐缩短加粗将端改为灵芝形或祥云形（图 6–65），造型优美，成为供人观赏之物，也是表示“做事如愿以偿”的吉祥物。

雕刻图案中还有一种如意结，即将如意弯曲盘成如意结的样子。“结”与“吉”谐音，又有“团结”诸意，故广泛采用（图 6–66 ~ 图 6–68）。

图 6–65　如意（退思园）

图 6–66　如意（耦园）

图 6–67　如意（陈御史花园）

图 6–68　如意（耦园）

三、厌胜钱

厌胜是古代方士的一种巫术，以诅咒或其他方式压制对方。按一定的图形铸成钱币，称厌胜钱，俗称“花钱”，亦称“押胜钱”，大多有图案花纹，没有币值，不作流通之用。它早在西汉就流行，图案内容丰富，涉及历史、地理、风俗民情、宗教、神话、书法、美术、娱乐、工艺等各个方面。图 6–69 这枚厌胜钱，中心方口，四边各有一字，巧妙地组成“唯吾知足”四字。

四、聚宝盆

宝，原来是玉器的总称，后泛指一切珍贵的物品，包括金银钱币等。聚宝盆，象征财源滚滚而来。据说，明初富可敌国的沈万三家藏聚宝盆，给他带来巨额财富（图 6–70）。

五、三纲五常

“三纲五常”是个十分抽象的概念，图案用“缸”与“纲”“尝”与“常”谐音组成图案来表示。三纲即君为臣纲，父为子纲，夫为妻纲；五常是五种伦常道德，即父义、母慈、兄友、弟恭、子孝（图 6–71）。

图 6–69　庆胜钱（严家花园）
图 6–70　聚宝盆（春在楼）
图 6–71　三纲五常（严家花园）

图 6–69 | 图 6–70
图 6–71

六、花篮

花篮造型美丽，花篮中盛放各种吉祥花果，或用来馈赠亲友，或用作庆典之物。苏州园林有一种梁架形式别致的厅堂，叫花篮厅。还有些廊柱，也采用这类形式，其特点是前步柱或前后步柱不落地，悬在上空；柱下端雕刻成花篮形，雕镂精细，形态富丽，既扩大了室内空间，又增添了装饰性（图 6–72 ~ 图 6–75）。

有的花篮是镶嵌在落地罩的纹样中（图 6-76）；有的花篮雕刻在裙板上，其中花纹有海棠花、兰花、荷花等，象征喜庆，喻指前程似锦（图6-77～图6-81）。

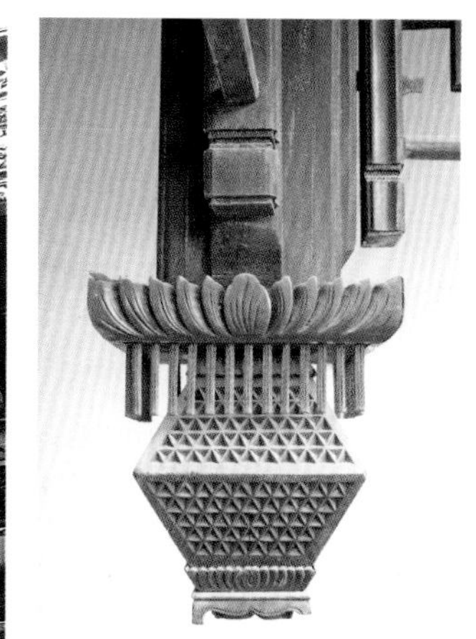

图 6-72　花篮（春在楼）
图 6-73　花篮（畅园）
图 6-74　花篮（陈御史花园）
图 6-75　花篮（陈御史花园）
图 6-76　花篮（陈御史花园）
图 6-77　花篮（陈御史花园）
图 6-78　花篮（陈御史花园）

图6-72		图6-73
图6-74	图6-75	图6-76
图6-77		图6-78

图 6-79　花篮（陈御史花园）

图 6-80　花篮（陈御史花园）

图 6-81　花篮（陈御史花园）

第七章

木雕制作工艺

苏州园林的木雕主要是明清时期苏州香山帮作品，构图简洁流畅，格调古趣淡雅，雕刻技法丰富圆熟，注重表现文人情趣，形成了鲜明的艺术特色。

第一节

木雕制作要点

木雕是在木材表面上施以雕刻装饰，除了要选择木质纤维紧密木材进行加工之外，还须注意以下几点：

一、图样优美

图样美观是木雕发挥装饰作用的基本要求。园林木雕的图案题材选择遵循“图必有意，意必吉祥”的规律，无论花鸟走兽、人物器物，既要生动活泼，体现生活气息，又要能表达平安如意、家族兴旺、多福多寿等吉祥寓意。例如，蝙蝠和铜钱放在一起，寓意“福在眼前”（图 7–1）；葫芦和蔓草叶互相缠绕，寓意“子孙万代”（图 7–2）。

图 7–1　福在眼前（耦园）

图 7–2　子孙万代（耦园）

有些图案不仅寓意吉祥，还能反映士大夫情趣，展现主人的高雅品位。例如，松竹梅岁寒三友，暗喻高贵之人格（图 7–3）；荷花与水仙同绘，象征清雅高洁的风范（图 7–4）。

图 7-3 | 图 7-4

图 7-3
岁寒三友（严家花园）

图 7-4
荷花水仙（留园）

二、空间均匀

苏式木雕特别是明代的木雕精品，追求简淡，讲究逸笔草草，不求形似。空间布局上以突出木雕整体大效果为要，注意花纹与留空的对比均衡，使虚实相生、疏密有致。如图 7-5 以高树支撑起画面高度，树下老者和小童一前一后置于画面中心，旁边点缀山石草木，其余留白而不做过多雕饰，使整个画面具有很强的层次感，既显省静又富有韵味。

对于镂雕作品，忌留空地太大、松散稀疏而导致不牢固，同时又忌花纹过密而使人感觉气塞（图 7-6、图 7-7）。

雕刻大面积的人物故事时，在空间布局上，要在空处尽量点缀些小型景物，以牵其势但又不牵强附会。例如，三国故事的木雕作品，一般以人物为中心，其旁点缀城关营帐、车马旌旗、亭台草木等图案，既烘托故事情景，又让画面上下左右大致匀称，使整个图案具有平衡之美感（图 7-8）。

图 7-5 | 图 7-6

图 7-5
山水人物（忠王府）

图 7-6
牡丹（狮子林）

图 7-7 | 图 7-8

图 7-7
石榴（耦园）

图 7-8
过五关斩六将（怡园）

三、牵连牢固

木雕材质较金属、砖石易损，特别易受气候变化影响，尤其是用于外檐部分的木雕，如栏杆、挂落、宿檐、斜撑、裙边等部件，时刻面临风吹日晒雨淋的考验；即使屋内的梁架，也会受干燥潮湿等因素影响。所以，雕刻时在考虑艺术效果的同时，又要注重细牢耐久。例如，镂空的飞罩、花牙子、雀替的整个雕活就是凭借花纹本身牵络连接成为整体的。若花纹连接不牢或局部连接薄弱都会影响其坚固耐久（图 7-9）。

图 7-9
梅花（留园）

第二节

技法口诀

木雕作为民间技艺，有很多口传心授的技法口诀，广泛流传于雕花匠师徒之间。这些口诀既有对木雕制作的经验总结，也有对绘画、木板年画、戏曲等艺术创作规律的借鉴。口诀凝练成类似顺口溜和打油诗的形式，强调技法的关键要领，属于一种理论性的规范形式，同时又方便灵活、易于入手。苏州木雕技法口诀主要有景物诀、人物诀和鸟兽诀三大类。

一、景物诀

景物是木雕图案中重要的内容，小到分出远近虚实、点出阴晴昼夜，大到表现四季时令、构建故事场景，都有赖于雕花匠对于山水林桥、花月亭台等景物的调配。景物诀根据生活经验，提炼出时节与景物对应陪衬的规律。

例如，“春景花茂，秋景月皎，冬景桥少，夏景亭多”，春季万物复苏，生机勃勃，自然花团锦簇；秋季风高气爽，夜晚云层稀薄，月光会格外皎洁。夏天酷热温高，雨水充沛，也就有亭子用来避雨和乘凉；冬天河流结冰，人们可履冰而过，恰好用桥少表示。景物诀还总结出人在不同时节、不同天气的行动特点，人景交融来描绘四季和雨雪风天。例如，“春景：游人踏青，花木隐约，渔牧唱归。夏景：人物摇扇倚亭，行旅背伞喝驴。秋景：雁横长空，美人玩月。冬景：围炉饮宴，老樵负薪。风天雨景：行人撑伞，渔夫披蓑衣。雪景：路人有迹，雪压古木。”

对于树木，雕刻时要注意春夏秋冬不同的枝叶形态。例如，“冬树不点叶，夏树不露梢，春树叶点点，秋树叶稀稀。”远近不同，枝叶有无，树种各异，雕刻的要点也不一样，所谓“远要疏平近要密，无叶枝硬有叶柔，松皮如鳞柏如麻，花木参差如鹿角”。

还有四时点景的口诀：“正月张彩灯，三月放风筝，三月花丛丛，四月放棹艇，五月酒帘红，六月荷花生，七月看天星，八月月当空，九月登高阁，十月调鸟虫，十一月摆箭景，十二月桃符更。”这些点景或来自典籍所载，或来自真实生活的风俗习惯，非常方便雕花匠参考取景。

还有些口诀借鉴了画学的透视理论，强调以景物映衬、虚实相生来生成雕刻画面意境。例如，“山要高，用云托；石要峭，飞泉流；路要窄，车马塞；楼要远，树木掩”（图 7-10）。

二、人物诀

人物在木雕中往往处于画面的中心位置，是主要的刻画对象。雕刻时，要把握不同身份、地位、职业等人物的特点，掌握大致的方向和规律，不必过分追求形似，而重点表现神采特质。如图 7-11 刻画了三位老者在山水之间的隐逸生活，一人抚琴抒怀，一人侧

图 7-10 舟落天际（严家花园）

图 7-11 山水人物（忠王府）

卧倾听，一人捋须从容而立，清静淡泊的隐士风采跃然画面之上。

例如，富人样：“腰肥体重，耳厚眉宽，项粗额隆，行动猪样。”贵人样：“双眉入鬓，两目精神，动作平稳，方是贵人。”贵妇样：“目正神怡，气静眉舒，行止徐缓，坐如山立。”娃娃样：“胖臂短腿，大脑壳，小鼻大腿没有脖，鼻子眉眼一块凑，千万别把骨头露”。（图 6–16）美人样：“鼻如胆瓜子脸，樱桃小口，蚂蚱眼，要笑千万莫开口。”（图 7–12）丫环样：“眉高眼媚，笑容可掬，咬指弄巾，掠鬓整衣。”

对于神仙、罗汉等道释人物，要把雕刻的重点放在衣着、动作和所持器物上。例如，三星样：“福，天官样，耳不闻，天官帽，朵花立水江涯袍，朝靴抱笏五绺髯。禄，员外郎，青软巾帽，绛带绛袍，携子又把卷画抱。寿，南极星，绾冠玄氅系素裙薄底云靴，手拄龙头拐杖。”（图 4–112）

对于数量较多的同一类神仙人物，统一中要有变化。例如，罗汉样：“四个西番深目高鼻，四个汉人慈眉善目，四个老态龙钟，四个年少和尚抱膝听经，或捧香献花，或捋眉托钵，或降龙伏虎，各显神通。”雕刻十六罗汉时，分成老、少、梵、汉，四个老僧、四个少僧，四个番僧、四个汉僧，再循其特征绘制成长眉、听经、奉香、伏虎、降龙等各式罗汉。儒道释人物和神仙在一起雕刻，可以通过贫富状态的不同来区分。例如，“富道释，穷判官，辉煌耀眼是神仙。”

图 7–12　美人（陈御史花园）

三、鸟兽诀

雕刻鸟兽，重点抓住其形体特征和习性进行创作。对于狮子，要用夸张的手法刻画其头部特征，如“十斤狮子九斤头，一条尾巴拖后头”（图 7–13）。

对于鹿，要多雕刻回头的鹿，这样既符合鹿的习性，也容易取得好的艺术效果，如“十鹿九回头”。对于羊、猪、鼠、虎、鸟、马、牛、狗、猫等动物的雕刻，要以动物典型动作表现其习性特点，如“抬头羊，低头猪，怯人鼠，威风虎，鸟噪夜，马嘶蹶，牛行卧，狗吠篱，捉鼠猫，常洗脸”。（图 7–14、图 7–15）

对于神话传说中的龙、凤凰，也有口诀传世，“龙：鹿角、虾眼、凤爪、牛鼻、鱼鳞、蛇身、团扇尾巴”“凤凰：锦鸡头、鸳鸯身、鹦鹉嘴、大鹏翅、孔雀尾、仙鹤足。”可以通过综合鹿、虾、牛、鱼、蛇等多种动物形状来雕刻想象中的龙的形象，凤凰则是众多飞禽走兽形象的融合（图 7–16）。

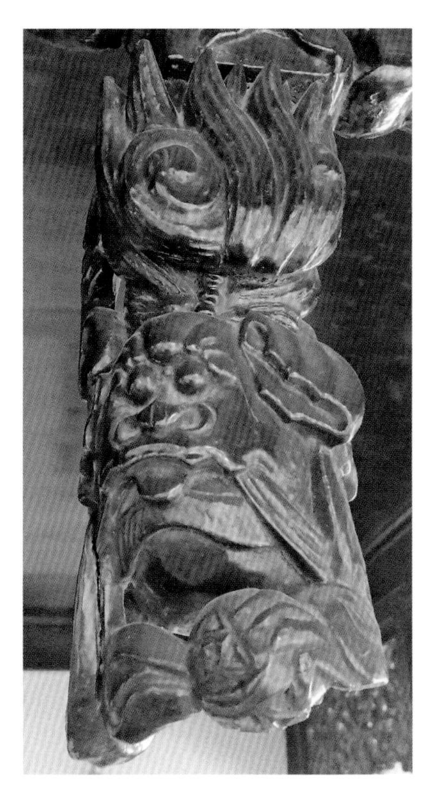

图 7-13 狮子（留园） 图 7-14 马（忠王府）
图 7-15 虎（留园） 图 7-16 凤凰（耦园）

第三节

建筑木雕的操作程序

一、规划构思

一般由花作师傅和大木师傅根据建筑特点和要求筹划构思，从整体上考虑雕刻的布局、种类、结构等。雕刻的图案设计通常出自师徒父子等相授的“花样”作为“粉本”，雕刻师傅有时还要结合主人的要求、建筑的特点、风俗习惯等再进行整体和局部的构思，使得木雕的造型图案、立意想象更符合建筑的内容和整体的布局。

二、起草图和放样

雕刻师傅通常会按照木构件的尺寸形状画下各式图案，再按需进行放大或缩小加工。起草图后要进行放样：一种是按照加工尺寸在同样大的纸上勾画作图，一种是直接将图样粘贴在木构件上。也有些师傅手艺高超，不要放大样可以直接在木头上雕刻。

三、打轮廓线

放样后可用黑色香头在图样背面细细描绘一遍，然后对准雕刻件按下去，把图案直接印在木料上。也可以在构件上用墨斗等工具打轮廓线，按照图案区分不同层次不同点线面，深浅粗细不一，勾勒构图的形状。

四、打坯

打坯即粗雕，依据图案用刨、锯、铲、凿等方式雕刻出木材的大体外轮廓和内轮廓，打坯是一层层推进的，由下到上，由前到后，从近到远，由表及里，讲求层次感、整体感。

五、细雕

在粗雕的基础上再进行细加工，运用平口铲、圆口铲、斜雕刀等工具对图案铲削、剔挖，精细雕刻，使纹样形象清晰完善。在操作上要按照整体构思，掌握雕刻的比例和布局，同时加工过程要细心，以防损伤雕件。

六、刮光打磨

运用刮刀等精雕细刻修整细坯中的刀痕凿痕，修补作品的不足之处，要求做到干净、平整、顺畅。一是作品没有多余毛刺、瑕疵。二是雕刻面没有留下刻刀的痕迹。三是沿着木纹纹理光滑顺畅。然后根据作品用粗细不同的木砂纸，顺着木纹纹理不停打磨，使作品更为精美完整。

七、着色上漆

木雕完成后使用硬毛刷、硬毛笔蘸取水溶性的颜料，给木雕构件着色上漆，有时不用漆而直接刷上一层桐油，使得木雕富有光泽度，呈现雕刻件本身的木纹纹理之美，同时起到防腐蚀的作用。

附图：存疑图案

忠王府 1792 | 忠王府 1796

忠王府 1805

忠王府 1811

忠王府 1812

忠王府 1814

忠王府 1816

忠王府 1818

忠王府 1819

忠王府 1825

忠王府 1830 | 忠王府 1832

后记

苏州园林为什么会成为中华的文化经典？我们策划这套由七部著作组成的系列，就是企图从宏观和微观两个维度来解答这个问题。宏观是从全局的视角揭示苏州园林艺术本质及其艺术规律；微观则通过具体真实的局部来展示其文化艺术价值，微观是宏观研究的基础，而宏观研究是微观研究的理论升华。

《听香深处——魅力》就是从全局的视角，探讨和揭示苏州园林永恒魅力的生命密码；日本现代著名诗人、作家室生犀星曾称日本的园林是“纯日本美的最高表现”，我们更可以说，中国园林文化的精萃——苏州园林是“纯中国美的最高表现”！

本系列的其他六部书分别从微观角度展示苏州园林的文化艺术价值：

《景境构成——品题》，通过解读苏州园林的品题（匾额、砖刻、对联）及品题的书法真迹，使人们感受苏州园林深厚的文化底蕴，苏州园林不啻一部图文并茂的文学和书法读本，要认真地“读”。《含情多致——门窗》《吟花席地——铺地》《透风漏月——花窗》《凝固诗画——塑雕》和《木上风华——木雕》五书，则具体解读了触目皆琳琅的园林建筑小品：千姿百态的门窗式样、赏心悦目的铺地图纹、目不暇接的花窗造型、异彩纷呈的脊塑墙饰、精美绝伦的地罩雕梁……

我与研究生们及青年教师向净一起，经过数年的资料收集，包括实地拍摄、考索，走遍了苏州开放园林的每个角落，将上述这些默默美丽着的园林小品采集汇总，又花了数年时间，进行分类、解读，并记述了香山工匠制作这些园林小品的具体工艺，终于将这些无言之美的“花朵”采撷成册。

分类采集图案固然艰辛，但对图案的文化寓意解读尤其不易。我们努力汲取学术界最新研究成果，希望站在巨人肩头往上攀登，力图反本溯源，写出新意，寓知识于赏心悦目之中。尽管一路付出了艰辛的劳动，但距离目标还相当遥远！许多图案没有现成的研究成果可资参考，能工巧匠大多为师徒式的耳口相传，对耳熟能详的图案样式蕴含的文化寓意大多不知其里，当代施工或照搬图纹，或随机组合。有的图纹十分抽象写意，甚至理想化，仅为一种形式美构图。因此，识别、解读图纹的文化寓意，更为困难。为此，我们走访请教了苏州市园林和绿化管理局、香山帮的专业技术人员，受到不少启发。

今天，在《苏州园林园境》系列出版之际，我们对提供过帮助的苏州市园林和绿化管理局的总工程师詹永伟、香山古建公司的高级工程师李金明、苏州园林设计院贺凤春院长、王国荣先生等表示诚挚的谢意！还要特别感谢涂小马副教授，他是这套书的编外作者。无私地提供了许多精美的摄影作品，为《苏州园林园境》系列增添了靓丽色彩！

感谢中国电力出版社梁瑶主任和曹巍编辑对传统文化的一片赤诚之心和出版过程中的辛勤付出！

虽然我们为写作《苏州园林园境》系列做了许多努力，但在将园境系列丛书奉献给读者的同时，我们的心里依然惴惴不安，姑且抛砖引玉，求其友声了！

最后，我想借法国一条通向阿尔卑斯山的美丽小路旁的标语牌提醒苏州园林爱好者们："慢慢走，欣赏啊！"美学家朱光潜先生曾以之为题，写了"人生的艺术化"一文，先生这样写道：

> 许多人在这车如流水马如龙的世界过活，恰如在阿尔卑斯山谷中乘汽车兜风，匆匆忙忙地急驰而过，无暇一回首流连风景，于是这丰富华丽的世界便成为一个了无生趣的囚牢。这是一件多么可惋惜的事啊！

人生的艺术化就是人生的情趣化！朋友们：慢慢走，欣赏啊！

曹林娣

辛丑桐月改定于苏州南林苑寓所

参考文献

计成．陈植，注释．园冶注释．北京：中国建筑工业出版社，1988.

（清）李渔．闲情偶寄［M］．北京：作家出版社，1996.

刘敦桢．苏州古典园林．北京：中国建筑工业出版社，2005.

郭廉夫，丁涛，诸葛铠．中国纹样辞典．天津：天津教育出版社，1998.

梁思成．中国雕塑史．天津：百花文艺出版社，1998.

沈从文．中国古代服饰研究．上海：上海世纪出版集团上海书店出版社，2002.

陈兆复，邢琏．原始艺术史．上海：上海人民出版社，1998.

王抗生，蓝先琳．中国吉祥图典．沈阳：辽宁科学技术出版社，2004.

中国建筑中心建筑历史研究所．中国江南古建筑装修装饰图典．北京：中国工人出版社，1994.

苏州民族建筑学会．苏州古典园林营造录．北京：中国建筑工业出版社，2003.

丛惠珠，丛玲，丛鹏．中国吉祥图案释义．北京：华夏出版社，2001.

李振宇，包小枫．中国古典建筑装饰图案选．上海：同济大学出版社，1992.

曹林娣．中国园林艺术论．太原：山西教育出版社，2001.

曹林娣．中国园林文化．北京：中国建筑工业出版社，2005.

曹林娣．静读园林．北京：北京大学出版社，2005.

崔晋余．苏州香山帮建筑．北京：中国建筑工业出版社，2004.

张澄国，胡韵荪．苏州民间手工艺术．苏州：古吴轩出版社，2006.

张道一，唐家路．中国传统木雕．南京：江苏美术出版社，2006.

［美］W·爱伯哈德．中国文化象征词典［M］．陈建宪，译．长沙：湖南文艺出版社，1990.

吕胜中．意匠文字．北京：中国青年出版社，2000.

［古希腊］亚里士多德．范畴篇·解释篇［M］．聂敏里，译．北京：生活·读书·新知三联书店，1957.

［英］马林诺夫斯基．文化论［M］．费孝通，译．北京：中国民间文艺出版社，1987.

李砚祖．装饰之道．北京：中国人民大学出版社，1993.

王希杰．修辞学通论．南京：南京大学出版社，1996.